Tekle Pauzaite

DNA-Sequenzierung

AF144354

Tekle Pauzaite

DNA-Sequenzierung

ScienciaScripts

Imprint

Any brand names and product names mentioned in this book are subject to trademark, brand or patent protection and are trademarks or registered trademarks of their respective holders. The use of brand names, product names, common names, trade names, product descriptions etc. even without a particular marking in this work is in no way to be construed to mean that such names may be regarded as unrestricted in respect of trademark and brand protection legislation and could thus be used by anyone.

Cover image: www.ingimage.com

This book is a translation from the original published under ISBN 978-3-659-89316-2.

Publisher:
Sciencia Scripts
is a trademark of
Dodo Books Indian Ocean Ltd. and OmniScriptum S.R.L publishing group

120 High Road, East Finchley, London, N2 9ED, United Kingdom
Str. Armeneasca 28/1, office 1, Chisinau MD-2012, Republic of Moldova, Europe
Managing Directors: Ieva Konstantinova, Victoria Ursu
info@omniscriptum.com

Printed at: see last page
ISBN: 978-620-8-59369-8

Inhalt

Abstrakt 2

Kapitel 1. Einführung..3

Kapitel 2. Materialien und Methoden 6

Kapitel 3. Ergebnisse 11

Kapitel 4. Diskussion 33

Kapitel 5. Schlussfolgerung 39

Danksagung 41

Referenzen 42

Abstrakt

Das Adenokarzinom des Dickdarms ist die häufigste Krebsart des Magen-Darm-Trakts. Daher wurde die DNA-Sequenzierung von zufälligen cDNA-Fragmenten an einer Caco-2-Zelllinie durchgeführt. Dieses Experiment wurde durchgeführt, um potenzielle biologische Marker für Krebszellen oder normale Enterozyten zu finden, die bei der Diagnose der Krankheit hilfreich sein können. Die DNA-Sequenzierung wurde unter Verwendung der Kettenabbruchmethode mit markierten ddNTPs durchgeführt und mit einem DNA-Sequenzer (Beckman Coulter CEQ 2000) ausgelesen. Von den 11 erfolgreich gewonnenen Sequenzen wurden 5 Fragmente teilweise mit menschlichen DNA-Sequenzen abgeglichen und es zeigte sich, dass die vollständigen Gene, zu denen diese Fragmente gehören, für 3 verschiedene menschliche Proteine kodieren würden. Bei diesen Proteinen handelt es sich um das Guanin-Nukleotid-bindende Protein Untereinheit Beta-2-Like 1, das Chromodomänen-Helicase-DNA-Bindungsprotein 4 und das Zentromerprotein J. Es wurde festgestellt, dass diese Proteine Funktionen in den meisten Zelltypen, einschließlich Enterozyten, erfüllen. Außerdem wurde festgestellt, dass einige Funktionen dieser Proteine zu krebsartigen Phänotypen der Zellen beitragen oder diese hemmen. Diese kontroversen Befunde lassen sich durch die unterschiedliche Menge an Proteinen in den Zellen sowie den Grad und die Art der Mutationen in den Proteinen erklären. Dieses Argument zeigt die Notwendigkeit weiterer Forschung und hoffentlich neuer Möglichkeiten für die Krebsbehandlung.

Kapitel 1. Einführung

Die DNA-Sequenzierung spielt in vielen wissenschaftlichen Bereichen eine wichtige Rolle, z. B. in der Archäologie, Anthropologie, Genetik, Biotechnologie, Molekularbiologie, Forensik usw. Die DNA-Sequenzierung wurde erstmals von Sanger und Coulson (1975) beschrieben; sie wurde dann verbessert (Sanger et al. 1977) und wurde zur grundlegenden Methode der Genomsequenzierung (Venter et al. 1996; 2001). Der Shotgun-Ansatz galt als das erste erfolgreiche Projekt, das eine 2,91 Milliarden Basenpaare umfassende menschliche Genomsequenz ergab. Die Celera Corporation unter der Leitung von J. Craig Venter verwendete jedoch öffentliche Daten, die mit einer langsameren hierarchischen Shotgun-Methode der Genomsequenzierung gewonnen wurden (www, Davidsons College, 2002), weshalb die Ergebnisse bis heute als umstritten gelten. Trotz der Unstimmigkeiten wurde diese Methode des Kettenabbruchs in diesem Projekt verwendet. Anstelle von zufällig fragmentierter genomischer DNA wurde jedoch komplementäre cDNA, die von Boten-mRNA revers transkribiert wurde, als Vorlage für die Sequenzierung verwendet. Die cDNA-Sequenzierung wurde gewählt, weil sie der in den Zellen exprimierten mRNA entspricht und somit mehr Informationen über die in den typischen Zellen exprimierten Proteine liefert.

Das Adenokarzinom des Dickdarms ist die häufigste Krebsart des Magen-Darm-Trakts und eine der häufigsten Todesursachen durch Krebs weltweit (Ji et al. 2011). Die Heilungsrate des Adenokarzinoms liegt nach Angaben des National Cancer Institute (WWW, Krebs) bei 80-90 %, wenn es im Frühstadium diagnostiziert wird. Daher werden Adenokarzinome intensiv erforscht, und in diesem Experiment wurden cDNA-Proben von menschlichen epithelialen kolorektalen Adenokarzinomzellen gewonnen, die von einer Caco-2-Zelllinie abstammen. Caco-2-Zellen wurden erstmals durch Experimente mit Mäusen entdeckt (Pogh et al. 1977) und werden in der Regel als Prototyp der Darmbarrierezellen verwendet. Dies ist darauf zurückzuführen, dass Caco-2-Zellen, wenn sie in vitro kultiviert werden, sich morphologisch und funktionell schnell zu reifen Enterozyten differenzieren und aufgrund ihrer Fähigkeit, die

Kontakthemmung zu erkennen, eine Monolage von Darmzellen bilden (Natoli eta al. 2012; Sambuy et al. 2005). Die Forschung an Caco-2-Zellen kann auch dazu dienen, neue Biomarker für einen Tumor zu entdecken, die seinen Phänotyp oder seine Aggressivität erklären und dazu beitragen können, die Behandlung oder Prognose zu definieren. Die Proteine, die von den in diesem Experiment gefundenen Sequenzen kodiert werden, werden also auf zweierlei Weise analysiert: welche Housekeeping- oder enterozytentypischen Funktionen sie in normalen Darmzellen erfüllen könnten und wie sie zum Phänotyp des Krebses beitragen könnten.

Der Ansatz, der in diesem Projekt verwendet wurde, ist als Kettenabbruchmethode oder Dideoxynukleotid-Methode bekannt (Franca et al. 2002). Mit dieser Technik wurden ESTs (expressed sequence tags) aus cDNA-Proben mit einer Länge von 500- 1000bp hergestellt (Parkinsom & Blaxter, 2009) (Nagaraj et al. 2007). ESTs sind nützlich für die Entdeckung neuer Gene und Transkriptvarianten von Genen. Außerdem können ESTs auf bereits bestehende Gensequenzen und Chromosomen abgebildet werden (Adams et al. 1991). ESTs wurden im Rahmen des Humangenomprojekts (Adams et al. 1991) eingesetzt, wo sie die Entdeckung neuer Gene erleichterten und sich als nützliche Technik für die weitere Genomsequenzierung erwiesen. Die Genomsequenzierung und die Zusammenstellung der Ergebnisse in Genomdatenbanken wurde Mitte der 1970er Jahre begonnen und rasch verbessert, bis sie schließlich in den 1990er Jahren automatisiert wurde (WWW, National Human Genome Research Institute).

Ziel des Projekts war es, cDNAs aus Caco-2-Zellen zu klonen und zu sequenzieren. Außerdem sollten die Sequenzen mit Hilfe weltweiter Genom- und Bioinformatik- Datenbanken analysiert und mit den Proteinen sowie deren Funktionen verknüpft werden. Darüber hinaus bestand eines der Hauptziele der Forschung darin, die Funktionen der Proteine zu analysieren und herauszufinden, wie sie möglicherweise zu den physikalischen und morphologischen Eigenschaften der Caco-2-Zellen beitragen können. Dabei geht es sowohl um die Frage, wie das Protein normale Funktionen innerhalb des Enterozyten erfüllen könnte, als auch darum, wie das Protein möglicherweise zu den Krebsmerkmalen der epithelialen kolorektalen

Adenokarzinomzellen beitragen könnte.

In dieser Arbeit wurden die gewonnenen Sequenzen mit bereits vorhandenen Daten verglichen und die gewonnenen Informationen mit Hilfe früherer Studien auf einem ähnlichen Gebiet analysiert. Die drei von den erhaltenen Sequenzen kodierten Proteine waren Guanin-Nukleotid-bindendes Protein Untereinheit Beta-2-Like 1, auch bekannt als Rezeptor für aktivierte C-Kinase 1 (RACK1) (Ron et al. 1994); Chromodomain Helicase DNA Binding Protein 4 (CHD4) (Zhang et al. 1998) und Centromere Protein J (CENPJ) (Hung et al. 2000). Jedes dieser Proteine wird ubiquitär in einer Vielzahl von Geweben exprimiert und ist nicht auf Darmzellen beschränkt. Sie können eine Vielzahl von Funktionen ausüben und tragen zu normalem Wachstum, Proliferation, Motilität, Adhäsion usw. bei. Jedes der Proteine kann jedoch auch zu den krebserregenden Eigenschaften der Zelle beitragen; daher werden in der Studie beide möglichen Auswirkungen der Proteine diskutiert.

Kapitel 2. Materialien und Methoden

Polymerase-Kettenreaktion

Die cDNA-Proben wurden aus einem humanen epithelialen kolorektalen Adenokarzinom gewonnen, und zwar aus der Krebszelllinie Caco-2. Die cDNA wurde durch PCR (Polymerase-Kettenreaktion) unter Verwendung von 2 Sätzen verschiedener "Anker-" und "beliebiger" Primer amplifiziert. Eine Reaktion wurde mit dem Ankerprimer AP4 (TTT TTT TTT TTT (AGC)G) und dem arbiträren Primer AUP2 (AGG TGA CCG T) durchgeführt; die andere Reaktion wurde mit dem Ankerprimer AP2 (TTT TTT TTT TTT (AGC)T) und dem arbiträren Upstream-Primer AUP2 durchgeführt. Die 20µl Suspension bestand aus 2µl 10x PCR-Puffer, 1µl 50mM Magnesiumchlorid, 1,5µl 2,5mM dNTP-Mix, 2µl 10µM Ankerprimer, 2µl 10µM arbiträrer Primer, 2,5µl cDNA-Probe, 8,5µl PCR-Wasser und 0,5µl 2,5U/µl BIOTAQ™ DNA Polymerase. Die DNA-Polymerase wurde zuletzt zugegeben, und das kurze Mischen durch Vortexen und das Pulszentrifugieren erfolgten unmittelbar danach. Die PCR umfasste einen Zyklus mit niedriger Stringenz (94°C/1min; 35°C/5min; 72°C/5min), bei dem beliebige Upstream-Primer an einzelsträngige cDNAs mit einer relativ hohen Häufigkeit von Fehlpaarungen annektiert wurden; auf diesen Schritt folgten 39 Zyklen mit hoher Stringenz (94°C/1min; 50°C/2min; 72°C/2min), bei denen Ankerprimer (Oligo-dT-Primer) an den 3'-Polyadenylat [poly(A)]-Schwanz der cDNAs annektiert wurden.

Agarosegel-Elektrophorese

Zur Herstellung eines 1,5%igen Agarosegels wurden 0,45 mg Agarosegranulat in 30 ml 1 x TAE-Puffer durch Erhitzen aufgelöst und 2 µl GelRed-Lösung hinzugefügt. Die Lösung wurde in einen Gelbildner mit einem Kamm an der Seite der Kathode gegeben, und als das Gel ausgehärtet war, wurden 300 ml 1 x TAE-Puffer in den Geltank gegeben und der Kamm entfernt. Anschließend wurden die Proben mit 2 µl des Ladefarbstoffs (BPB) gemischt und in die Vertiefungen gegeben. Zur quantitativen und qualitativen Auswertung der Proben wurde die NEB Fast DNA Ladder durchgeführt. Die Proben wurden 45 Minuten lang mit einer Stromstärke von 100 V belastet, und die Banden wurden durch eine UV-Aufnahme mit dem Gel Doc-Gerät nachgewiesen.

6

PCR-Aufräumarbeiten

Zur Aufreinigung der amplifizierten DNA-Produkte aus der PCR wurde das QIAquick PCR Purification Kit (Qiagen) verwendet. Um die DNA zu binden, wurden zunächst 15 µl des PCR-Produkts und 75 µl des Puffers PB auf die lila Säule gegeben und in das 2-ml-Sammelröhrchen gegeben. Nach jeder Zugabe von Puffer wurden die Proben 1 Minute lang zentrifugiert und der Durchfluss verworfen. Im zweiten Schritt wurden die Produkte durch Zugabe von 0,75 ml Puffer PE gewaschen, dann zentrifugiert und der Durchfluss wie zuvor verworfen, jedoch wurden diese Schritte zweimal wiederholt. Nach diesem Schritt wurden die Säulen in 1,5-ml-Mikrozentrifugenröhrchen mit abgenommenen Deckeln eingesetzt, und die DNA wurde durch Zugabe von 50 µl Puffer EB (10 mM Tris*Cl, pH 8,5) eluiert. Dieses Mal wurde der Durchfluss nach der Zentrifugation aufgefangen, da er PCR-Produkte enthielt. Die Produkte wurden bei -20°C gelagert.

Ligation

Um doppelsträngige DNA-Produkte an den pGEM®-T Easy Vektor zu ligieren, der ein Plasmid ist, das mit der Restriktionsendonuklease EcoRV geschnitten wird, wurden die Proben wie in Tabelle 1 angegeben vorbereitet. Die Proben wurden gemischt und 24 Stunden lang bei 4 °C inkubiert.

Tabelle 1. Die Vorbereitung der Ligationsreaktion (Shirras et al., 2014).

Reaktionskomponente	PCR-Produkt Ligation	Positive Kontrolle	Hintergrundkontrolle
2X Schnellligationspuffer	5µl	5µl	5µl
pGEM®-T oder pGEM®- T Easy Vektor (50ng)	1µl	1µl	1µl
PCR-Produkt	1µl	--	--
Kontrolle Insert-DNA	--	2µl	--
T4-DNA-Ligase (3 Weiss-Einheiten/µl)	1µl	1µl	1µl

7

PCR-Wasser	2 µl	1 µl	3 µl

Umwandlung

Die Transformationsreaktion wurde mit *Escherichia coli* JM109 High Efficiency Competent Cells durchgeführt. Die Reaktionen umfassten 50 µl kompetente Zellen und 2 µl jeder Ligationsreaktion; außerdem wurde 0,1ng (2 µl von 50 µg/µL) des ungeschnittenen Plasmids pUC19 zur Effizienzkontrollreaktion hinzugefügt. Die Proben wurden 20 Minuten lang auf Eis gelagert, dann wurden die Proben für 45-50 Sekunden bei 42 °C gelagert, um die Zellen zu schocken, und anschließend für 2 Minuten wieder auf Eis gelegt. Nach Zugabe von 950 µl SOC-Medium wurden die vorbereiteten Suspensionen 90 Minuten lang bei 37 °C unter Schütteln (150 U/min) bebrütet.

Jede Transformationskultur wurde auf doppelte LB (Luria Broth)-Agar/ Ampicillin/ IPTG/ X-Gal-Platten plattiert. Bei dem Agar handelte es sich um ein nährstoffreiches Medium, das mit dem selektiven Antibiotikum Ampicillin ergänzt wurde, um zu prüfen, ob der pGEM®-T Easy Vektor mit Ampicillin-Resistenzgen in die Bakterienzellen transformiert wurde. Die Transformationskulturen wurden mit SOC-Medium (Super Optimal Broth with Catabolite Repression) verdünnt. Nach 26 Stunden Inkubation wurden auf den frischen LB-Agar/Ampicillin/IPTG/X-Gal-Platten weiße Kolonien beobachtet. Die gepatchten Platten wurden vorbereitet, indem die Platte in 16 gleiche Fächer unterteilt, die weißen Kolonien nach der vorherigen Bebrütung zufällig ausgewählt und für eine 24-stündige Bebrütung auf neue Plattenfächer gesetzt wurden. Schließlich wurden die weißen Kolonien von den gepatchten Platten zufällig ausgewählt und in 4 ml LB-Bouillon, die jeweils 4 µl 100 mg/ml Ampicillin enthielt, 24 Stunden lang bei 37 °C unter Schütteln gezüchtet.

Reinigung von Plasmiden

Die Plasmidaufreinigung wurde mit dem QlAprep® Spin Miniprep Kit (Qiagen) durchgeführt. Zunächst wurden die 15-ml-Röhrchen mit den transformierten Bakterienkulturen bei 5000 U/min für 5 Minuten zentrifugiert und der Überstand entfernt. Dann wurden die Bakterienkulturen durch Zugabe von 250 µl der Lösung P1 resuspendiert; die Zellen wurden mit 250 µl der Lösung P2 lysiert; und die Lösung wurde dann durch Zugabe von 350 µl der Lösung N3 neutralisiert. Die 1,5-ml-Röhrchen wurden 10 Minuten lang bei 13.000 U/min zentrifugiert, und der Überstand wurde auf die QIAGEN-Säule übertragen, die in das Sammelröhrchen eingesetzt wurde. Nach diesem Schritt wurden die Säulen bei 13.000 U/min für 30-60 Sekunden zentrifugiert und der Durchfluss verworfen. Das gleiche Verfahren wurde nach Zugabe von 500 µl Puffer PB und und dann nach Zugabe von 750 µl Puffer PE angewandt, wobei zusätzlich 1 Minute lang zentrifugiert wurde, um das Ethanol vom Plasmid zu entfernen. Die Säule wurde dann in neue 1,5-ml-Röhrchen ohne Deckel überführt, und 40 µl PCR-Wasser wurden in die Mitte der Säule gegeben. Nach 90 Sekunden wurden die Röhrchen 1 Minute lang zentrifugiert und der Durchfluss, der die Plasmid-DNA enthielt, wurde aufbewahrt und bei -20 °C gelagert. Schließlich wurde die Konzentration der Plasmid-DNA in der Lösung mit einem Biophotometer bestimmt.

Prüfung der Größe des Einsatzes

Für den Restriktionsverdau der Plasmide wurden 6 µl PCR-Wasser, 1 µl 10-facher Restriktionspuffer, 2 µl Plasmidlösung und 1 ml des Restriktionsenzyms EcoRI verwendet. Die Reaktionen wurden 40 Minuten lang bei 37 °C inkubiert.

Die Produkte nach dem Restriktionsverdau wurden mittels Agarosegel-Elektrophorese untersucht. Die Proben für die Beladung wurden durch Zugabe von 2 µl 5 x Probenfarbstoff (BPB) zu 10 µl der Verdauungsprodukte hergestellt. 5 µl jeder Probe wurden zur Analyse durch Elektrophorese auf ein 1,5%iges Agarosegel geladen. Zur Unterstützung der Quantifizierung wurde auch die NEB Fast DNA Ladder geladen.

Farbstoff-Terminator-Sequenzierung

1,5 µg Plasmid-DNA wurden dem PCR-Wasser hinzugefügt, um eine Lösung von 30 µl herzustellen. Die DNA wurde 6 Minuten lang bei 96 °C denaturiert, und 10 µl jeder denaturierten DNA-Lösung wurden mit 2 µl M13-Vorwärts- oder M13-Reverse-Primern und 8 µl Quick Start-Lösung gemischt, die dNTPs für die komplementäre Replikation der DNAs und markierte ddNTPs für die Sequenzterminierung enthält. Die Suspensionen wurden für die Sequenzierung in die PCR-Maschine gegeben. Die

Schritte (96°C/20s; 50°C/20s und 60°C/4min) wurden 30 Mal wiederholt, und die Proben wurden bei 4°C eingeweicht, bevor sie bei -20°C gelagert wurden.

Säubern und Entsalzen

Der erste Schritt bestand darin, die DNA aus der Zyklussequenzreaktion auszufällen. Dazu wurden 1 µl Glykogen, 2 µl 3M Natriumacetat (pH 5,2), 2 µl 100mM EDTA und 60 µl 95% Ethanol (eiskalt) in jedes Röhrchen gegeben und mit dem Vortex gemischt. Dann wurden die Proben für 15-20 Minuten bei -20°C gelagert und 15 Minuten lang bei 13.000 U/min zentrifugiert. Der Überstand wurde sorgfältig entfernt; dann wurde das Waschverfahren zweimal wiederholt, indem 200 l 70%iges Ethanol zugegeben, die Röhrchen 5 Minuten lang zentrifugiert und der Überstand entfernt wurde. Nach dem Waschen wurden die Röhrchen im Abzug belassen, bis das Ethanol verdunstet war, und dann wurden die Pellets in 40 µl Probenladelösung (SLS) gründlich resuspendiert. Die Proben wurden durch elektrokinetische Injektion in den DNA-Sequenzer (Beckman Coulter CEQ 2000) gegeben.

Bioinformatik

Die sequenzierten DNA-Fragmente wurden mit ChromasLite, dem Vector Screening Programm (WWW, VecScreen), NCBI BLAST (WWW, BLAST), Ensembl Human Genome Browser (WWW, Ensembl), NCBI Unigene (WWW, Unigene) und CAP3 Sequence Assembly Program (WWW, Cap3) analysiert.

Kapitel 3. Ergebnisse

cDNA-Amplifikation durch Polymerase-Kettenreaktion

Die PCR (Polymerase-Kettenreaktion) wurde mit cDNA aus der humanen epithelialen kolorektalen Adenokarzinom-Zelllinie Caco-2 durchgeführt, um die Fragmente der cDNA zu amplifizieren. Die PCR wurde viermal mit verschiedenen Primer-Sets wiederholt und der Erfolg der Amplifikation wurde durch Agarosegel-Elektrophorese überprüft (Abbildung 1, 2, 3 und 4). Die Proben wurden mit dem Farbstoff Gel Red gefärbt, und die Qualität der Produktbanden wurde mit dem NEB Fast DNA Ladder Marker verglichen (siehe Abbildung 1). Die erfolgreichsten Ergebnisse lieferte die PCR mit den Ankerprimern AP4 (PCR1) und AP2 (PCR2) in Kombination mit den Decameren AUP2 (Abbildung 1). Die anderen 3 Versuche (Abbildung 2, 3 und 4) zeigten das verschmierte Muster der auf das Agarosegel geladenen Produkte. Die in Abbildung 1 dargestellten Banden zeigen jedoch, dass die Größe der amplifizierten PCR-Produkte zwischen 150bp und 1000bp variierte, wobei die stärksten Banden zwischen 300bp und 500bp lagen, was zeigt, dass die größte Menge des amplifizierten Produkts innerhalb dieses Bereichs auftrat.

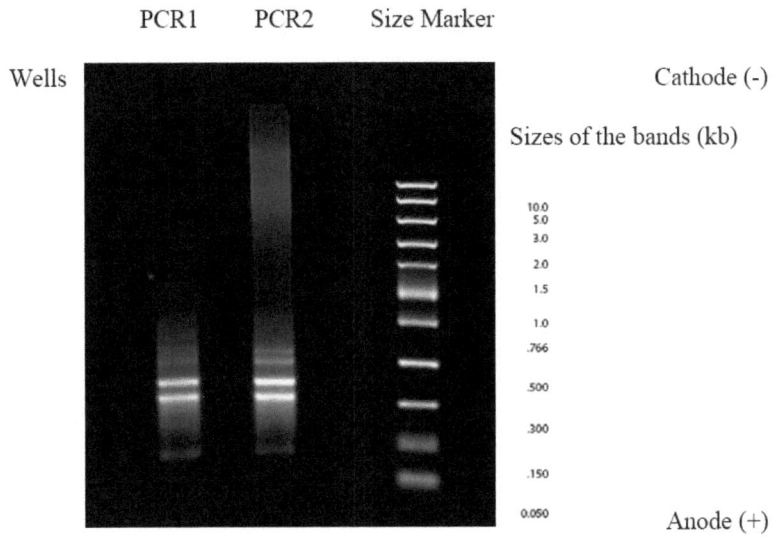

Abbildung 1. PCR-Reaktionen auf Agarosegel. Die Reaktion PCR1 wurde mit AP4-

und AUP2-Primern und die Reaktion PCR2 mit AP2- und AUP2-Primern durchgeführt. Die Proben wurden mit dem Farbstoff Gel Red gefärbt und mit dem NEB Fast DNA Ladder Marker verglichen.

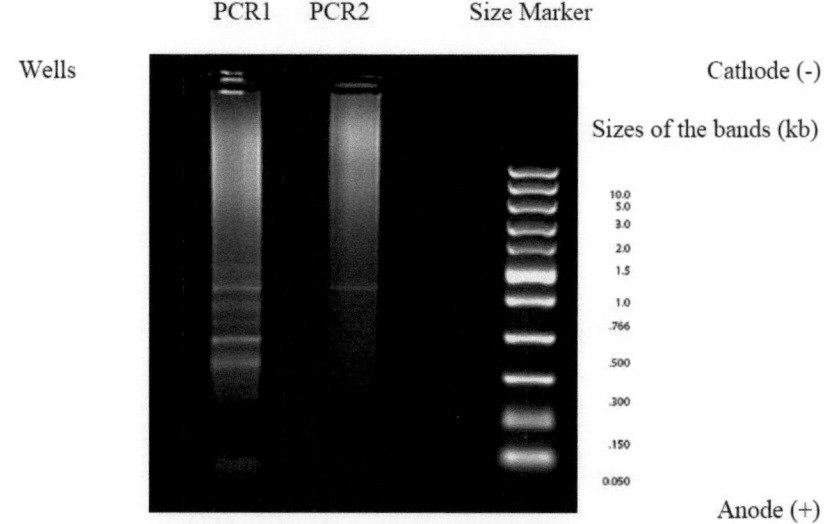

Abbildung 2. PCR-Reaktionen auf Agarosegel. Das UV-Bild des Agarosegels zeigt die Amplifikation von 2 PCR-Reaktionen (PCR1 mit AP1- und AUP3-Primern; PCR2 mit AP2- und AUP1-Primern).

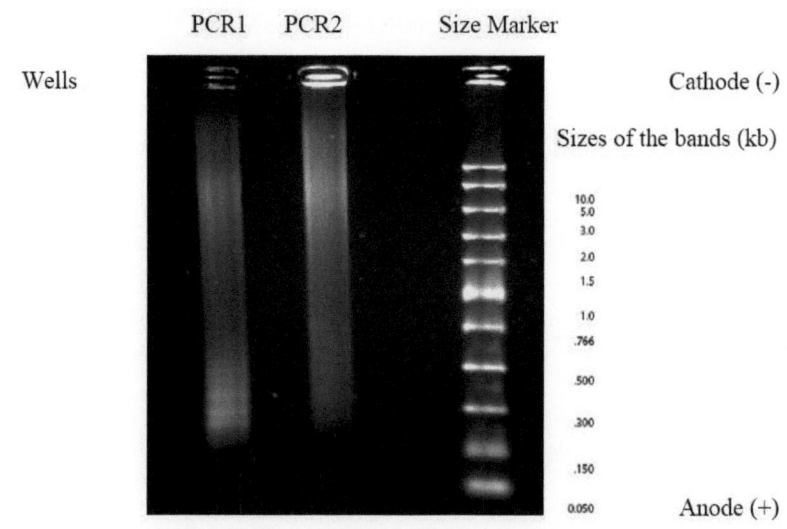

Abbildung 3. PCR-Reaktionen auf Agarosegel. Das UV-Bild des Agarosegels zeigt die Amplifikation von 2 PCR-Reaktionen (PCR1 mit AP4- und AUP2-Primern; PCR2

mit AP2- und AUP4-Primern). Das Bild wurde mit den PCR-Reaktionen des zweiten Versuchs aufgenommen. Die Proben wurden mit dem Farbstoff Gel Red gefärbt und mit dem NEB Fast DNA Ladder Marker verglichen.

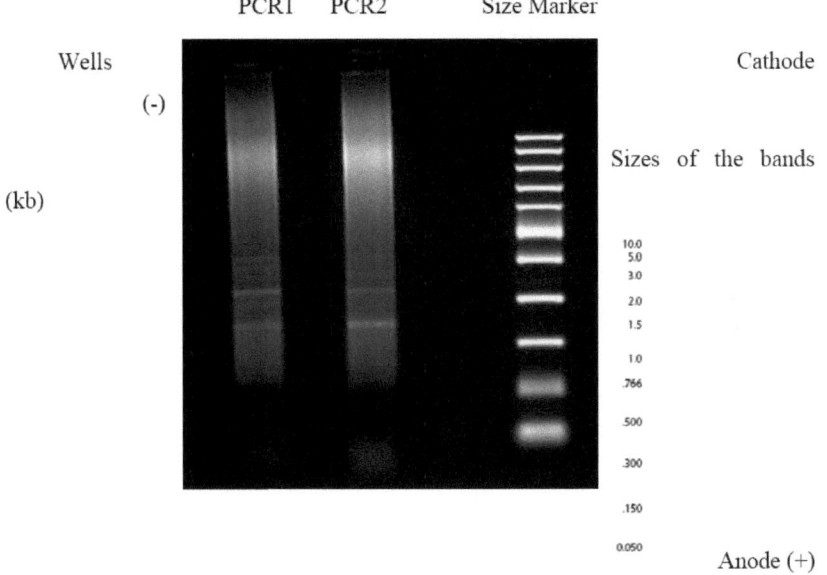

Abbildung 4. PCR-Reaktionen auf Agarosegel. Das UV-Bild des Agarosegels zeigt die Amplifikation von 2 PCR-Reaktionen (PCR1 mit AP4- und AUP2-Primern; PCR2 mit AP2- und AUP4-Primern). Das Bild wurde mit den PCR-Reaktionen des dritten Versuchs aufgenommen. Die Proben wurden mit dem Farbstoff Gel Red gefärbt und mit dem NEB Fast DNA Ladder Marker verglichen.

Aufreinigung und Klonierung der PCR-Produkte

Zur Aufreinigung der doppelsträngigen DNA aus der PCR wurde das QlAquick® PCR-Reinigungskit (Qiagen) verwendet. Es wurden etwa 50 µl des DNA-haltigen Produkts gewonnen; der Absorptionswert bei 260 nm des 1:50-PCR-Produkts war jedoch nicht ausreichend, um die DNA-Konzentration zu berechnen.

Um die PCR-Produkte zu klonieren, wurden 1 µl der Lösung, die doppelsträngige DNA enthielt, an 1 µl 3015bp linearisiertes Plasmid (pGEM®-T Easy Vector) mit Thymidin-Nukleotid am 5'-Ende für eine effiziente Ligation der PCR-Produkte und mit Erkennungsstellen für *EcoRI* für einen einfachen Restriktionsverdau (WWW, promega) ligiert. Außerdem wurde eine Positivkontroll-Ligationsreaktion mit Kontroll-Insert-DNA durchgeführt und eine Hintergrund-(Negativ-)Kontrollreaktion

13

ohne Inserts eingestellt.

Die Transformationsreaktion wurde mit *Escherichia coli* JM109 High Efficiency Competent Cells durchgeführt. Jede Transformationskultur wurde auf doppelte LB (Luria Broth) Agar/Ampicillin/IPTG/X-Gal-Platten plattiert und die Farbe und Anzahl der Kolonien gezählt (Tabelle 2). Weiße Kolonien wiesen auf die potenziellen rekombinanten Klone hin. Die Abbildungen 5 und 6 zeigen das Aussehen der Kolonien auf den PCR1- (1:10) und PCR2-Platten (1:10).

Tabelle 2. Farbe und Anzahl der Kolonien von kompetenten E. coli-Zellen nach der Transformation mit pGEM®-T Easy Vector, der ligierte Inserts enthält.

Platte	Anzahl der Kolonien		
	Weiß	Blassblau	Blau
1) PCR1 (1:100)	9	6	12
2) PCR1 (1:100)	7	3	9
1) PCR2 (1:100)	12	4	13
2) PCR2 (1:100)	4	3	2
1) PCR1 (1:10)	92	20	96
2) PCR1 (1:10)	30	10	80
1) PCR2 (1:10)	70	14	76
2) PCR2 (1:10)	54	10	104
1) Positive Kontrolle	59	0	3
2) Positive Kontrolle	18	0	4
1) Hintergrundkontrolle	0	0	2
2) Hintergrundkontrolle	0	0	3
1) Wirkungsgradkontrolle	0	0	432
2) Wirkungsgradkontrolle	0	0	0

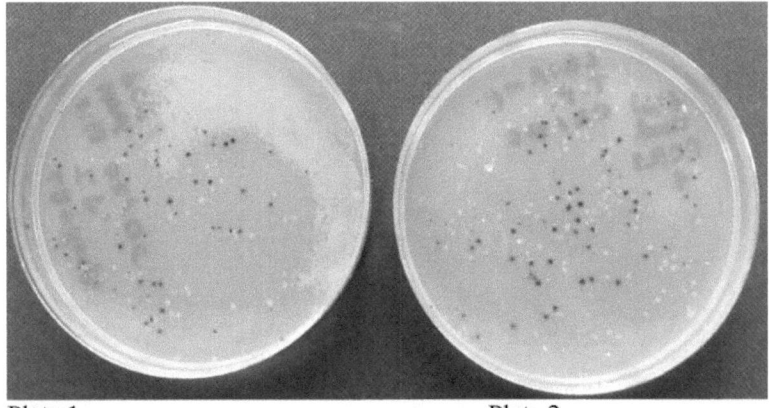

Plate 1   Plate 2

Abbildung 5. Anzahl und Farbe der E. coli-Kolonien nach Transformation mit pGEM®-T Easy Vector, der möglicherweise PCR1-Produkte enthält.

Plate 1   Plate 2

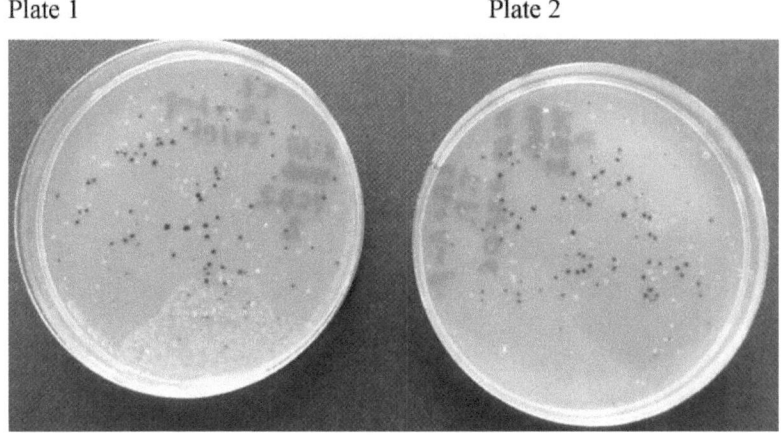

Abbildung 6. Anzahl und Farbe der E. coli-Kolonien nach Transformation mit pGEM®-T Easy Vector, der möglicherweise PCR2-Produkte enthält.

Um sicherzustellen, dass es sich bei den Kolonien um reine Rekombinanten handelte, wurden weiße Kolonien gesammelt und auf frische LB-Agar/Ampicillin/IPTG/X-Gal-Platten aufgebracht. Nach der Bebrütung wurde ein gewisses Wachstum der blauen Kolonien beobachtet (Abbildung 7, 8 und Tabelle 3); dennoch wurden 18 weiße Kolonien zufällig für die weitere Analyse ausgewählt.

Plate 1   Plate 2

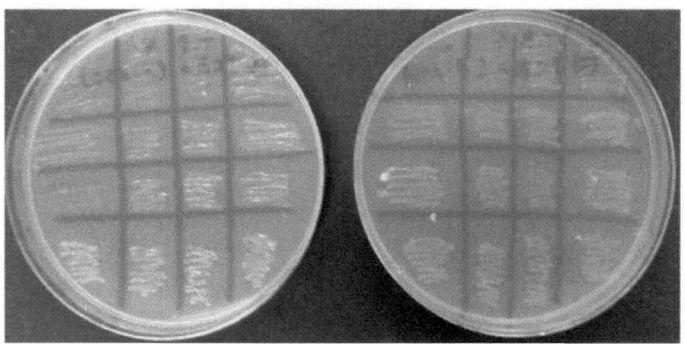

Abbildung 7. Die Patch-Platte der mit PCR1-Inserts transformierten E. coli-Kolonien auf LB-Agar/Ampicillin/IPTG/X-Gal-Platte.

Plate 1   Plate 2

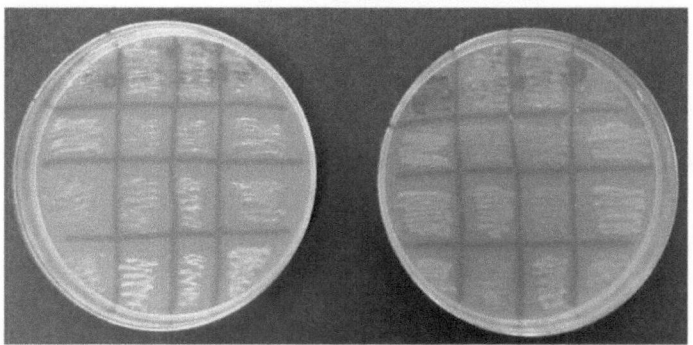

Abbildung 8. Die Patch-Platte der mit PCR2-Inserts transformierten E. coli-Kolonien auf LB-Agar/Ampicillin/IPTG/X-Gal-Platte.

Tabelle 3. Das Auftreten von E. coli-Kolonien nach der zweiten Ausplattierung auf LB-Agar/Ampicillin/IPTG/X-Gal-Platten.

Platte	Anzahl der Kolonien	
	Weiß	Blau
1) PCR1	7	9
2) PCR1	10	6
1) PCR2	7	9

| 2) PCR2 | 10 | 6 |

Nach der Inkubation wurde die Plasmidreinigung mit dem QlAprep® Spin Miniprep Kit (Qiagen) auf 18 transformierte Bakterienkulturen angewandt und die Lösung mit der Plasmid-DNA gewonnen. Außerdem wurde die DNA-Konzentration in der Suspension mit einem Biophotometer bei 260 nm bestimmt (Tabelle 4).

Tabelle 4. Die endgültige Plasmid-DNA-Konzentration, die aus transformierten *E. coli* gewonnen wurde.

Muster	DNA-Konzentration (µg/mL)
1) Platte 1 PCR1	225
2) Platte 1 PCR1	275
3) Platte 1 PCR1	180
4) Platte 1 PCR1	300
5) Platte 2 PCR1	45
6) Platte 2 PCR1	65
7) Platte 2 PCR1	55
8) Platte 2 PCR1	425
9) Platte 1 PCR2	80
10) Platte 1 PCR2	50
11) Platte 1 PCR2	70
12) Platte 1 PCR2	375
13) Platte 1 PCR2	290
14) Platte 2 PCR2	55
15) Platte 2 PCR2	70
16) Platte 2 PCR2	40
17) Platte 2 PCR2	395
18) Platte 2 PCR2	370

Restriktionsverdau von rekombinanten Klonen

Um die Größe der Inserts in den aus transformierten *E.* coli-Zellen gewonnenen Plasmiden zu ermitteln, wurde der Restriktionsverdau rekombinanter Klone mit *EcoRI* durchgeführt, der das Plasmid auf beiden Seiten des Inserts schneidet. Die Größen wurden mit Agarosegel-Elektrophorese überprüft (Abbildung 9).

<u>Teil A</u>

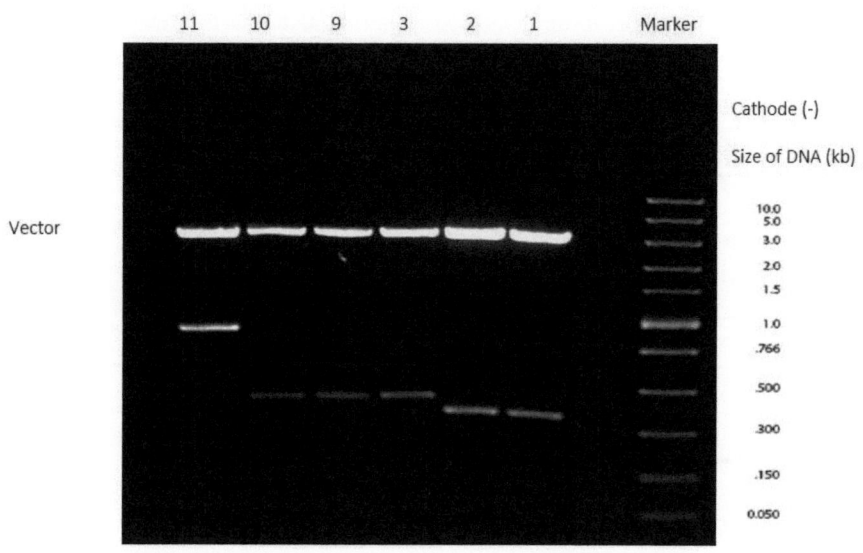

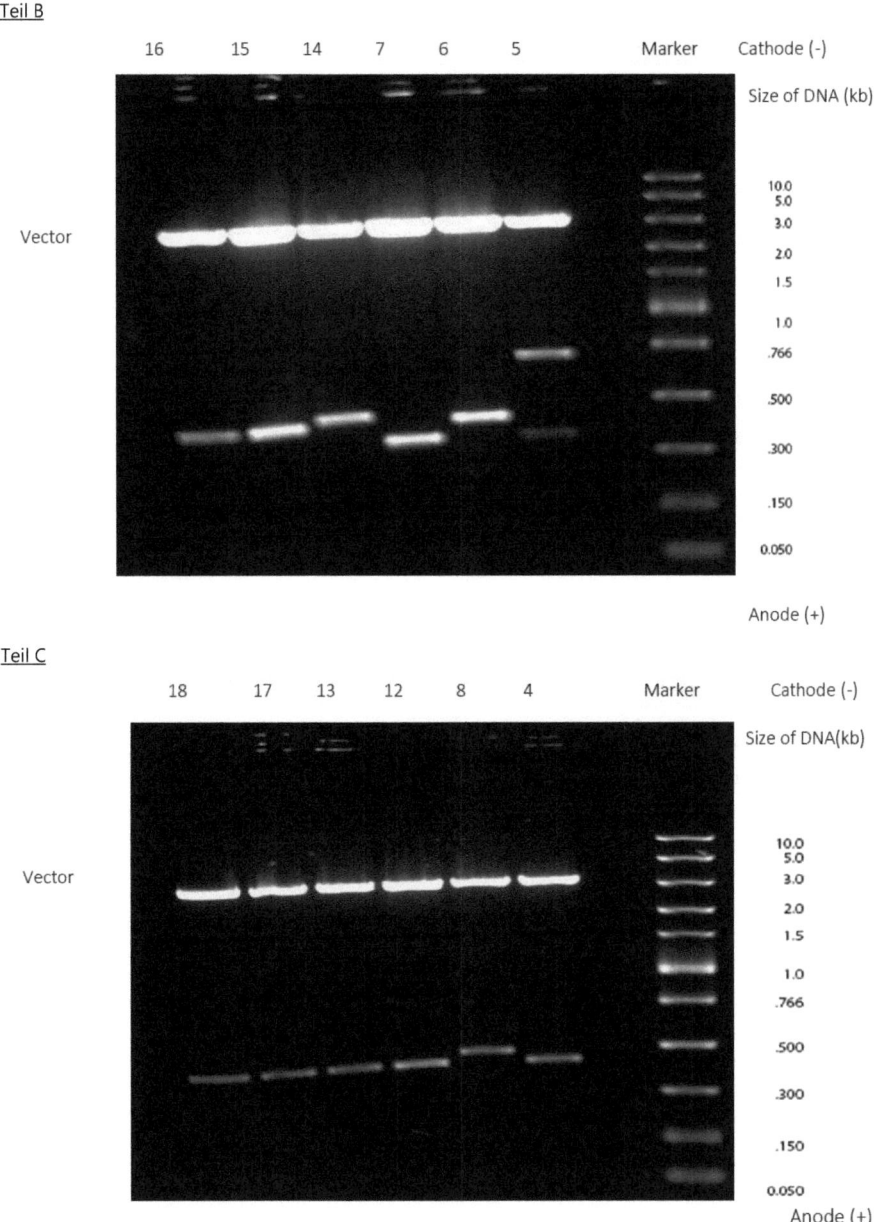

Abbildung 9. Die Größen der DNA-Inserts nach Restriktionsverdau mit *EcoRI*.
Die DNA wurde mit Gel Red gefärbt und mit dem NEB Fast DNA Ladder Marker
verglichen. Die Fotos (Teil A, B und C) wurden mit dem Gel Doc-Gerät aufgenommen.

19

Die Angabe, welche Nummer welcher PCR-Reaktion entspricht, und die ungefähren Größen der Inserts sind unter in Tabelle 5 zu finden.

Farbstoff-Terminator-Sequenzierung

Für die Farbstoffterminator-Sequenzierung wurden 11 Plasmidlösungen ausgewählt (siehe Tabelle 5), die unterschiedliche Größen der Inserts auf dem Agarosegel aufwiesen. Insgesamt wurden 13 Farbstoffterminator-Sequenzierungsreaktionen vorbereitet; 9 mit M13-Reverse-Primer, da diese Plasmidlösungen (2, 3, 5, 6, 8, 12, 15) Inserts enthielten, die weniger als 700 Basenpaare umfassten. Die Plasmidlösungen (4, 11) enthielten Inserts mit mehr als 700 Basenpaaren, so dass für jede Lösung zwei Sequenzierungsreaktionen mit M13-Vorwärts- und M13-Reverse-Primern durchgeführt wurden.

Tabelle 5. Die Identifizierung, welche Sequenz für welche PCR-Reaktion steht und die Größe der Banden auf dem Agarosegel.

Numerische Reihenfolge der PCR-Produkte auf dem Agarosegel und Art der PCR.	Ungefähre Größe der Inserts (bp)	Nummer und Bezeichnung der Sequenz
2) PCR 1	300	1 (TP1R)
3) PCR 1	500	2 (TP2R)
11) PCR 2	1,000	3 (TP3F)
11) PCR 2	1,000	4 (TP4R)
5) PCR 1	400	5 (TP5R)
6) PCR 1	500	6 (TP6R)
15) PCR 2	300	7 (TP7R)
4) PCR 1	700 und 300	8 (8TPF)
4) PCR 1	700 und 300	9 (9TPR)
8) PCR 1	400	10 (10TPR)
12) PCR 2	300	11 (10TPR)

Die Chromatogramme (Abbildung 10) der DNA-Sequenzierung wurden in

ChromasLite geöffnet und in das FASTA-Format konvertiert (Abbildung 11). Das Chromatogramm in Abbildung 10:A zeigt die erfolgreichen Spuren der DNA-Sequenzierung von Sequenz 4 (TP4R) mit starken Einzelprojektionen, die zeigen, dass die Erkennung der markierten Nukleotide eindeutig war und ein Fehler in der Sequenz höchst unwahrscheinlich ist. Dieses klare Sequenzierungsmuster wurde vor allem am Anfang der Sequenzen mit den Reverse Primern erzielt. Das Chromatogramm in Abbildung 10:B zeigt eine schwächere Spur der Sequenz 4 (TP4R). Die Projektionen überschneiden sich, was die Wahrscheinlichkeit eines Fehlers in den Endergebnissen der Sequenzierung erhöht. Dieses Muster wurde an den Enden der Sequenzen mit den Reverse-Primern und in der Mehrzahl der Sequenzen mit den Forward-Primern beobachtet.

Teil A

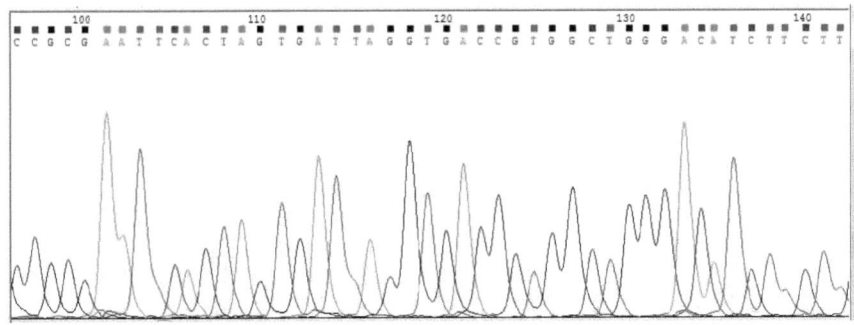

Teil B

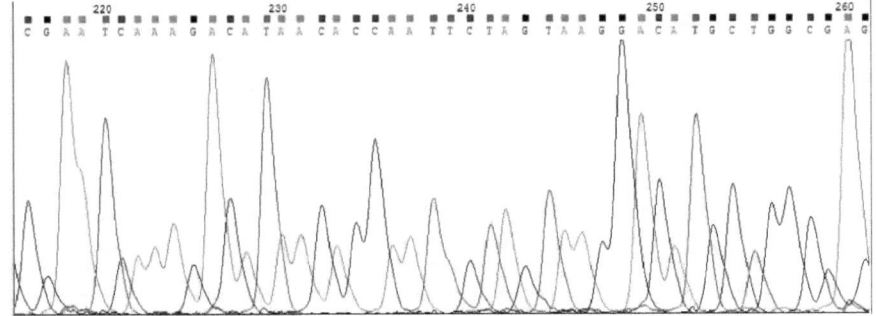

Abbildung 10. Teil A zeigt den erfolgreichen Verlauf der Sequenz 4 (TP4R). Teil B zeigt die weniger eindeutige Spur der Sequenz 4 (TP4R).

>TP1R

TATTTAGGTGACACTATAGAATACTCAAGCTATGCATCCAACGCGTTGGGAGCTCTCCCA

TATGGTCGACCTGCAGGCGGCCGCGAATTCACTAGTGATTAGGTGACCGTGTAGCCGGCA

AACAGAGTCTGGCCATCAGCAGACCAGGCCGGGGAGGTGCACTGGGGTGGTTCTGCCTTG

CTGCTGGTACTGATAACTTCTTGCTTCAGTTCATCTACAATGATCTTTCCCTCTAAATCC

CAGATCTTGATGCTGGGGCCTGTGGCAGCACACAGCCAGTAGCGGTTAGGGCTGAAGCAC

AGGGCGTTGATGATGTTCCCACCATCTAGCGTGTTAAGGTGTTTGCCTTCGTTGAGATCC

CATAACATTGCCTGGCCATTCTTGCCCTCCAGAAGCACAGAGGGATTCATCTGGAGAGAC

CGTCACCTTATTCAAATCCCGCCGGCGGCATGGCCGGCCGGAACCTGCCACGTTCGGCCC

CATTCCGCCCCATATGTGAGTTTGTATTAACCAATTCAACCGTGCCCCGGTCGGTTTTTA

A

>TP2R

ATGGATACCCCAAGCGATTTAGGTAGACACTATAGAATACTTCAAGCTATGCATCCAACG

CGTTGGGAGCTCTCCCATATGGTCGACCTGCAGGCGGCCGCGAATTCACTAGTGATTAGG

TGACCGTTACTCGGTACAGGTTTCCATAATATTAAGTTTAGAAGCTTTTCTTGGAAGTGT

GGAATTATCTAATTCGGTTTGACCCTATGCATCACGCCTCCCGGTTATAGACTGCGGATT

TGCCTACAGTCACCAGTTAACGCTTACCCCACAATCCAGTAAGTGGTAAGATTATCCTCC

TCCGTCACTCCATCACTATTATAGAAAGTACAGGAATATTAACCTGTTGTCCATCGGCTA

CGCTTTTCAGCCTCGTCTTANGTTCTGACTAACCCGGGTGGACGAACCTGCCCAAGAAAC

CTTCCCCCATAAGCGTCGTAGATCCTCACTACGAATCGTTACTCATACCGGCATTCTCAC

TTCTAGCGTTACACCAGTCTCACGGTCAACTAATCAATTCCGCGGCCGCCATGGCGGCGG

AGCTGCCACTTGGCCCAATTCCCCAAATAA

>TP3F

GCCAGTGAATAGTAATACGACTGCACTATAGGGCGAATGGGGCCCGACGTCGCATGCTCC

CGGCCGCCATGGCGGCCGCGGGAATTCGATGAGGTGACCGTAACCAGGATGAGACTGAAG

ACACAGAATGGGCAGGGTCATGAATGAATATCTGAGCTCATGGCAAAGTGGCCCAGTATG

TGGTACGGGAAGAAGAGAGTGGGGGAGGAAGAGGAGGTAGAACGGGAAATCATGAAACAG

GAAGAAAGTGTGGATCCTGACTACTGGGAGAAGTTGCTGCGGGCACCATTATGAGCCAGC

AGCAAGAAGATCTAGCCCGAAATCTGGGGGCCAAGGAAAAAGAATCCGTAAACAGGTCAA

CTTACAATGATGGCTCCCAGGAGGACCGAAATTGGCCAAGAACACCCAGTTCACCACCAG

TCCGATTACTCCAGTGGCTCAGGAAGAAGGTTATTTAAGACCTTGATTAACCTTTAAAAA

CCCCCCCCTAAGCCCATTGTTAGGGCCCGCCGAATTAATAAGATACCATTGCCCTCCCCC

TGTTGCCCCGTGTTGGTTGA

>TP4R

ATGATACCCCAAGCTATTTAGGTGACACTATAGAATACTTCAAGCTATGCATCCAACGCG

TTGGGAGCTCTCCCATATGGTCGACCTGCAGGCGGCCGCGAATTCACTAGTGATTAGGTG

ACCGTGGCTGGGACATCTTCTTGTTTTCCTCCACCTCAGCCAGTTCAGGCATGCTCCAGC

GCCCATTAACATGTTCAAACTCCTGAACCTTCTTGCGAATCAAAGACATAACACCAATTC

TAGTAAGGACATGCTGGCGAGACAGGCCTTCTCGGGGGGCACCATCAGCAAAGGTCTCAG

CCCCATCTGCCCCCGGCTCACATTAATGCCGCATGAAAAGAGAGACATATGCCTTGAACT

CTTTCTCTGATTTGCCTCGCAAGTCTCTTACAAGCCACTGGGTAGTAAAAGCATTCTGAA

GTGGCATACCATATCGCATTATTGCATTAAGAAAGGCTTTCGCTGACCAACATTAAAACC

AAGTACTTCAATATTCCCACCAACACCGGGCCAAACAGAAGAAGCAATTGGCCTTATTTT

TAATTCATTTCCGCCAAGGCCCTTTACGAACTGGGGGCCTAACGGGGGGAACCTTCTGAA

AC

>TP5R

GGTTAACTGATAGGCCCAAGCCGATTTAGGTAGACACTATAGAATACTTTCAAGCTATGC

ATCCAACGCGTTGGGAGCTCTCCCATATGGTCGACCTGCAGGCGGCCGCGAATTCACTAG

TGATTAGGTGACCGTTCTCGGTACAGGTTTCCATAATATTAAGTTTAGAAGCTTTTCTTG

GAAGTGTGGAATCATCTAATTCGGTTTGACCCTATGCATCACGCCTCCCGGTTATAGACT

GCGGATTTGCCTACAGTCACCAGTGAACGCTTACCCCACAATCCAGTAAGTGGTAAGATT

ATCCTCCTCCGGTCACTCCATCACTATTATAGAAAGTACAGGAATATTAACCTGTTGGTC

CATCGGCTACGCTTTTCAGCCTCGTTTTAGGTCCTGACTAACCCTGGGTGGACGAACCTT

GGCCCACGGAAACCTTCCCCAATAGGCGTTCGTAAATTCTTCACTACCAATTCGTTACTC

ATACCGGCATTCTCACTTTCCTAACGCTCCACCACGTTCTCACCGGGTCACCTAATTCCA

AATTCCCGCCCGGCCCCCCATGGGCGGGCCCCGGAACATTCCAAACATTNGGCCCCCAAT

TTCGCCCCATTAT

>TP6R

AATGATACCCCAAGCTATTTAGGTGACACTATAGAATACTCTAGCTATGCATCCAACGCG

TTGGGAGCTCTCCCATATGGTCGACCTGCAGGCGGCCGCGAATTCACTAGTGATTAGGTG

ACCGTTTGCATATACGGTTTTAACAGTGCCATCTGGGTATTCCCGTCTCTCTGAACTGGG

CAGTATGTAGTTCTCTTTGGCCATTATTAAACTCTATGAGTTTGTTGCCATCACGTTGTA

CTCTGACAATTGTACCATCTGGGAAAATGCTTTCTTCTTGTCCATCAGGAAATAAGTGTT

TAACAGTCTGGTCAGGAAACGTGATTTCTTTTCTTCCATCTGGGTAATGTTTTTCTATTT

GTCCACTTGAGAAATGTAAGACTTCCAGTCCCTCCGGGTATGTCGTGTGAGTGGTCTGGG

CAGCTGCATAGTAGTAGATCACTCTTTGGTCTGGCATGACCTGCTTCACGTTACCATTAA

AGAAAGTGACCGTGATGGTCTTCCCATCTGCACTCACTTCCCTTCGAGTTCCATTGGGAA

ACCGTATAACACCGGGCACCTCATTTCAATTCCCCGCGGCCGCCATGGGCGGCCCGGGAA

CATTTCCACCTTCGGGGCCCCATTCCCCCCCCCATATATTGAATTCTTATTTACCCATCCA

CCCTG

>TP7R

GGGTACATGATACCCCAAGCTGATTTAGGTGACACTATAGAATACTCTTAGCTATGCATC

CAACGCGTTGGGAGCTCTCCCATATGGTCGACCTGCAGGCGGCCGCGAATTCACTAGTGA

TTAGGTGACCGTTCTCGGTACAGGTTTCCATAATATTAAGTTTAGAAGCTTTTCTTGGAA

GTGTGGAATTATCTAATTCGGTTTGACCCTATGCATCACGCCTCCCGGTTATAGACTGCG

GATTTGCCTACAGTCACCAGTTAACGCTTACCCCACAATCCAGTAAGTGGTAAGATTATC

CTCCTCCGTCACTCCATCACTATTATAGAAAGTACAGGAATATTAACCTGTTGTTCATCG

GCTACGCCTTTCAGCCTCGTCTTAAGTTCTGACTAACCCTGGGTGGACGAACCTTGGCCC

AGGGAAACCTTCCCCACAATAAGGCGTNGTTAAGAATTTCTCCACCTTACGGAAATTCGG

TTTAACCTCCATTAACCCGGGCCATTTCCTTCACCTTTTCCCCTAAGCGTTTCCCCAACA

AGTTCCTCCCCCGGTCCACCCTAATTCGAAATTCCCCCCGGCCCGCCCATGGGCGGGCCG

GGGGGGCCATGGCCGACTTTCCGGGGCCCCCAAATTTCCGGCCCCTCTAATAGAGTTGGG

AGGTTTCGGTTAATATTTAACCCAAAAT

24

>8TPF

TTACCCTAAGCTCGTGAGCCACGACGTGCCATGTTGAATCGTAATACGAGCTGCATCTAT

AGGGGCGAATGCGGGCCCGACGTCCGCATGCTCCCGTGCCGCCATGGTCGGTCCGTCGTG

TGTATATGCCGATCTCACGGTGACCCGTTGCTGGTAACCTACGTAGTGGAGCATCGCCCT

CCTGGCTGGTCATAGCATTTNGCTCGCGGAACTGGCTCCACGTGCTCCTGCGCCCCCAGC

GTCTCAGTGGATTCATCTGTGCGCATTACTNCGGCACCAAGGGAGGCATATGTCGTGNTC

GCTCCAAGACACGTACATAGGAGANTGAGTGTTGCAGGGTTGCATAGCACATTCCAAACT

CCACGGGCCCCTTGCTTCNCTCTCGATTGCTGTTTACCACCCGTTATTNGCCACCACGAG

CNACAGCNGTGTANATCGCTACAGTGGCGATACGTTCTAGGGGAACACCAGAGATGCTAG

AACGGTTGGCGCCATCAGTGTGACCCCACATCATAGGACAAGGTCCTTTGTGACAGTTTC

AGTGTCGCCGTTATATCGTTTCNCGACAATGTTGGGGAGACATACCACTGTTATATTTCG

ACTTTCTTAGGGGGG

>9TPR

TATTTAGGTGACACTATAGAATACTCAAGCTATGCATCCAACGCGTTGGGAGCTCTCCCA

TATGGTCGACCTGCAGGCGGCCGCGAATTCACTAGTGATTAGGTGACCGTAGTAGCTACC

TCCATACATTACTTGCTGAGGCACTCCTATGNCGACGTAGCCAATGCGTCTCTAGTGCGA

AATGCGTGTTGCCCACCATCGTGTGTGCTCAGNGGTTCCATCCGNCAACATGTCGACATT

TGCCTTCGTGGGAAATTACTCGTAGTTTATACCAATTTACATCTCGTCCNTCCTTCCATG

ANATTAACTACNCACCAAAGNCTACAGTTTGGGAGGTGGCGTGTGGTCCCCCCTCCTACC

AATCTAAAAAAGTTAACAACACCTATCAGTAAGATGTCAATGTNCGCAAAGGTTTGGGCC

CCATGANGAGGGGGGAAACCCTTTCCAGAGTTGGCGCNTCCATAGGGTTTAGGGCCATAC

TTTAAGCGACACCCATTGCGCTTACGATGGCGGTTGCGATATGNAGAGGCCGTGGGGGG

>10TPR

ATGNATTACCCCAAGCTATTTAGGTGACACTATAGAATACTCAAGCTATGCATCCAACGC

GTAGGGAGCTCTCCCATATGGTCGACCTGCAGGCGGCCGCGAATNCACTAGTGATTAGGT

GACCGTTACTCGGTACAGGTTTCCATAATATTAAGTATAGAAGCTTTTACTTGGAAGTGT

GGAATCATCTAATTCGGTTTGACCCTATGCATCACGCCTCCCGGTTATAGACTGCGGATT

TGCCTACAGTCACCAGTGAACGCTTACCCCACAATCCAGTAAGTGGTAAGATTATCCTCC

```
TCCGTCACTCCATCACTATTATAGAAAGTACAGGAATATTAACCTGTTGTCCATCGGCTA

CGCCTTTCAGCCTCGTCTTAAGTTCTGACTAACCCTGGGTGGACCAACCTTGGCCCAAGG

AAACCTTCACCCAATTAAGGCCTTCGTAGAATCCTTCAACTTAACCAAATTCGGTTTAAC

TTCAATAAACCCGGCCAATNCTTCAACACTAAACTTAAGCCCCCTTCCACACAAGGTTAC

CCCACCCGGTCAAACCAAATTCCGAATTAACCGGGCGGGCGCCCATTGGCCGGCCCGGGA

AGCATTGCCAACGTTCCGGGGCCCAATTTCCCCCCCCAAATAGAGGGAGTTCTTAATTTA

ACCAAATTACCACCCTTGGCCCCCGTGCTCCGTTTTTATA
```
>11TPR
```
CTATTTAGGTGACACTATAGAATACTCAAGCTATGCATCCAACGCGTTGGGAGCTCTCCC

ATATGGTCGACCTGCAGGCGGCCGCGAATTCACTAGTGATTAGGTGACCGTGTAGCCAGC

AAACAGAGTCTGGCCATCAGCAGACCAGGCCAGGGAGGTGCACTGGGGTGGTTCTGCCTT

GCTGCTGGTACTGATAACTTCTTGCTTCAGTTCATCTACAATGATCTTTCCCTCTAATCC

CAGATCTTGATGCTGGGGCCTGTGGCAGCACACAGCCAGTAGCGGTTAGGGCTGAAGCAC

AGGGCGTTGATGATGTCCCCACCATCTAGCGTGTAAAGGTGCTTGCCTTCGTTGAGATCC

CATAACATGGCCTGGCCATCCTTGCCTCCAGAAGCACAGAAGGATCCATCTGGAGAGACC

GTCACCTAATTCAATTCCCGCGGCCGCCGTGGCGGCCGGGAACATGCGACGTTTGGCCCA

AATTCGCCCCTATATGTGAGATCGTATTTACAAATTCACCTGGGCCGGTCGTTTTTAACA

AACGGTCTGTGGACCTGGGGAAAAAACCCCTGGGGCGCGTTAACCCCACCCCTTAAATCG

GCCCTTTGGCAGCCACAATCTCCCCCCTTTGNGGCCAGCCCGGGGGCTTTATATTACCCA

AAGAAAA
```

Abbildung 11. Die Sequenzen im FASTA-Format. Die mit dem DNA-Sequenzer (Beckman Coulter CEQ 2000) gewonnenen Sequenzen wurden mit Chromas Lite in das FASTA-Format umgewandelt. Die Kommentarzeile zeigt die Nummer der Sequenz und den verwendeten Primer (R: Reverse; F: Forward). Die grün markierten Sequenzen zeigen die Sequenzen des pGEM®-T Easy Vector (WWW, VecScreen); die gelb markierten Sequenzen zeigen die Primer (AUP2). Die Position des Vektors und des Primers der Sequenz >8TPF wurde nicht gefunden.

Bioinformatische Analyse der Sequenzen

Die Sequenzen wurden anhand von Genomdatenbanken analysiert (Tabelle 6). Nach dem primären Vergleich mit der NCBI/BLAST-Datenbank (WWW, BLAST) wurde festgestellt, dass fünf Sequenzen (1R, 3F, 4R, 6R, 11R) mit menschlichen

Genomsequenzen übereinstimmen; die anderen drei (2R, 5R, 7R) wurden mikrobiellen Genomen zugeordnet; zwei der Sequenzen (8F, 9R) ähnelten keinen Sequenzen; und die Übereinstimmung für die Sequenz 10R wurde nur durch eine Nukleotid-Blast-Suche gefunden, und sie hatte mehrere Übereinstimmungen mit menschlichen und mikrobiellen Genomen.

Die sequenzierten DNA-Fragmente wurden mit NCBI BLAST (WWW, BLAST), Ensembl Human Genome Browser (WWW, Ensembl), NCBI Unigene (WWW, Unigene) und CAP3 Sequence Assembly Program (WWW, Cap3) analysiert.

Tabelle 6. Identität der Sequenz und des Produkts, das potenziell von der Sequenz mit der höchsten Trefferquote kodiert werden könnte. Die Länge der mit dem DNA-Sequenzer (Beckman Coulter CEQ 2000) erhaltenen Sequenz ohne Vektor- und Primersequenzen, die Größe und der Anteil der Sequenz, der mit dem menschlichen Genom übereinstimmt (Ident), und die Wahrscheinlichkeit, dass die Übereinstimmung der erhaltenen Sequenz mit dem menschlichen Genom auf Zufall beruht (E-Wert).

Sequenz	Produkt	Größe der erhaltenen Sequenz (bp)	Ident (%)	E-Wert (%)
Sequenzen, die mit menschlichen Genomsequenzen übereinstimmen				
Sequenz 1. TP1R. 2) PCR1 11TPR. 12) PCR2	Guanin Nukleotid-Verbindlich Protein Untereinheit Beta-2-ähnlich 1	431 556	313/324 (97%) 312/316 (99%)	3e-151 2e-158
Sequenz 2. Contig von TP3F und TP4R. 11) PCR2	Chromodomänen-Helikase-DNA-Bindungsprotein 4 (CHD4), mRNA	818	818/818 (100%)	0.0
Sequenz 3. TP6R. 6) PCR1	Zentromer-Protein J	540	413/440 (98%)	0.0

	(CENPJ), mRNA			
Sequenzen, die mit Microbia übereinstimmen	. Folgen			
TP2R. 3) PCR1	Mycoplasma fermentans JER-Chromosom	570	378/392 (96%)	0.0
TP5R. 5) PCR1	Mycoplasma fermentans JER-Chromosom	613	381/396 (96%)	0.0
TP7R. 15) PCR2	Mykoplasmen fermentans JER-Chromosom	688	313/323 (97%)	1e-149
10TPR. 8) PCR1	Mycoplasma fermentans M64, vollständiges Genom	700	317/332 (95%)	1e-144

Sequenz 1

Es wurde festgestellt, dass die Sequenzen TP1R und 11TPR für dasselbe Protein kodieren, nämlich für die Guanin-Nukleotid-bindende Protein-Untereinheit Beta-2-Like 1, auch bekannt als Rezeptor für aktivierte C-Kinase 1 (RACK1) (Ron et al. 1994). Die Übereinstimmung der Sequenz wurde mit dem Ensembl Human Genome Browser (WWW, Ensembl) analysiert. Die längsten übereinstimmenden Sequenzen mit der höchsten Punktzahl und dem niedrigsten E-Wert befanden sich auf Chromosom 5 (Abbildung 12, 13 und 14).

Chromosome 5: 108,119,983-108,122,114

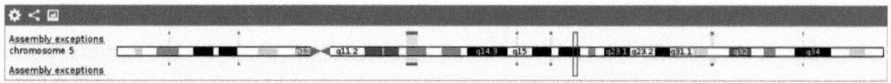

Abbildung 12. Die Übereinstimmung von TP1R- und 11TPR-Sequenzen auf dem menschlichen Chromosom 5 an der Position q21.3.

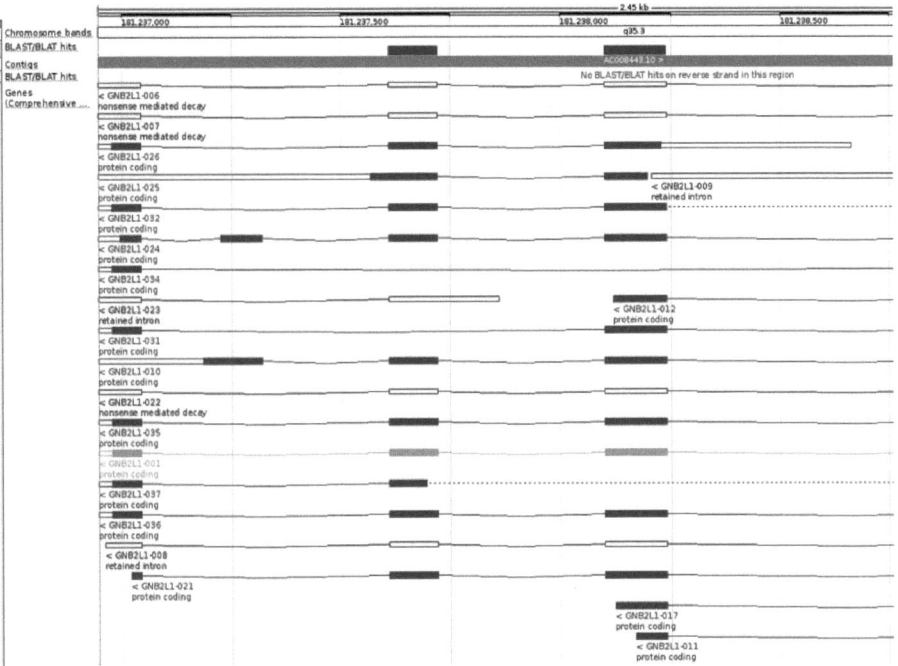

Abbildung 13. Die übereinstimmende Sequenz auf dem Chromosom 5 an der Position 5:181236945181239392 stimmt teilweise mit 2 proteinkodierenden Exons von 9 Transkriptvarianten (GNB2L1-026, GNB2L1-025, GNB2L1-032, GNB2L1-024, GNB2L1-010, GNB2L1-035, GNB2L1-001, GNB2L1-036, GNB2L1-021) des Gens, das für Guanin-Nukleotid-Bindungsprotein (G-Protein), Beta-Polypeptid 2-like 1 kodiert; außerdem stimmte es teilweise mit einem Protein kodierenden Exon von 5 Transkriptvarianten überein (GNB2L1-012, GNB2L1-031, GNB2L1-037, GNB2L1-017, GNB2L1-011); außerdem stimmte es mit 2 nicht-proteinkodierenden Exons von 4 Transkriptvarianten (GNB2L1-006, GNB2L1-007, GNB2L1-022, GNB2L1-008) und einem nicht-proteinkodierenden Exon der Variante GNB2L1-023 des GNB2L1-Gens überein.

Abbildung 14. Die Übereinstimmung auf dem Rückwärtsstrang des Chromosoms 5 an

29

der Stelle 108.785.201 - 108.785.493 ähnelt dem Pseudogen.

Die Sequenzen TP3F und TP4R wurden aus der gleichen Plasmidlösung 11) PCR2 gewonnen, wobei sich herausstellte, dass die Vektoren das Insert mit einer Länge von etwa 1000bp enthielten. Diese beiden Sequenzen wurden mit NCBI BLAST überprüft und es wurde festgestellt, dass sie mit der gleichen Sequenz des menschlichen Genoms übereinstimmen und für das gleiche Protein kodieren. Zum Zusammensetzen der Vorwärts- und Rückwärtssequenzen wurde das CAP3 Sequence Assembly Program verwendet (Abbildung 15); die Sequenzen mussten jedoch anhand der Ausrichtungssequenzen von NCBI BLAST korrigiert werden, um die Contig-Sequenz zu erhalten.

>Contig (TP3F,TP4R)

GGCTGGGACATCTTCTTGTTTTCCTCCACCTCAGCCAGTTCAGGCATGCTCCAGCGCCCA

TTAACATGTTCAAACTCCTGAACCTTCTTGCGAATCAAAGACATAACACCAATTCTAGTA

AGGACATGCTGGCGAGACAGGCCTTCTCGGGGGACACCATCAGCAAAGGTCTCAGCCCCA

TCTGCCCCCGGCTCACATAAATGCCGCATGAAAAGAGAGACATATGCCTTGAACTCTTTC

TCTGATTTGCCTCGCAGGTCTCTTACAAGCCACTGGGTAGTAAAAGCATCCTGAGGTGGC

ATACCATATCGCATAATTGCATTAAGAAAGGCTTTTCGCTGACGAGCATTAAAACCAAGT

ACTTCAATATTCCCACCAACACGGGCCAACAGAGGAGGCAATGGCTTATCTTTATCATTC

CGCAGGCCCTTACGACTGGGCCTACGGGGAGCTTCTGAACGTTCATCAAAGTCTTCATCA

CCTTCCTCTGAAGCCACTGAGTAATCGGACTGGTTGTCGGACTGGTCGTCCTGCCAATCT

CGGTCCTCCTGGGAGCCATCATTGTAGTTGACCTGTTTACGGATTCTTTTTCCTTTGCCC

AGATTTCGGGCTAGATCTTCTTGCTGCTGCTCATAATGGTGCCGCAGCAATTTCTCCCAG

TAGTCAGGATCCACACTTTCTTCCTGTTTAATGATTTCCCGTTCTACCTCCTCTTCCTCC

CCCATTTCTTCTTCCCGTACCACATACTGGGCCACTTTGAATGAGCTCAAATATTCATTC

ATGCCCTGCAATTCTGTGTCTTCAGTCTCATCCTGGTT

Abbildung 15. Die Contig-Sequenz (Zusammenstellung der TP3F- und TP4R-Sequenzen) (WWW, Cap3).

Die Sequenz wurde an 9 Stellen der menschlichen Chromosomen gefunden; 7 der Übereinstimmungen lagen auf Chromosom 12 und die anderen 2 auf Chromosom 17. Die Länge und die Punktwerte waren jedoch am höchsten für die Sequenz, die auf Chromosom 12 übereinstimmte; daher wurde nur diese Übereinstimmung als wertvoll angesehen (Abbildung 16 und 17).

Chromosome 12: 6,690,364-6,694,544

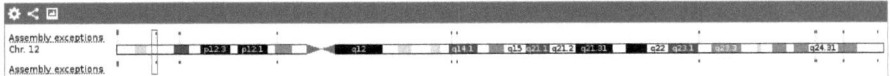

Abbildung 16. Die Übereinstimmungen der Contig-Sequenz (Zusammenstellung der TP3F- und TP4R-Sequenzen) auf dem menschlichen Chromosom 12 an der Stelle p13.3.

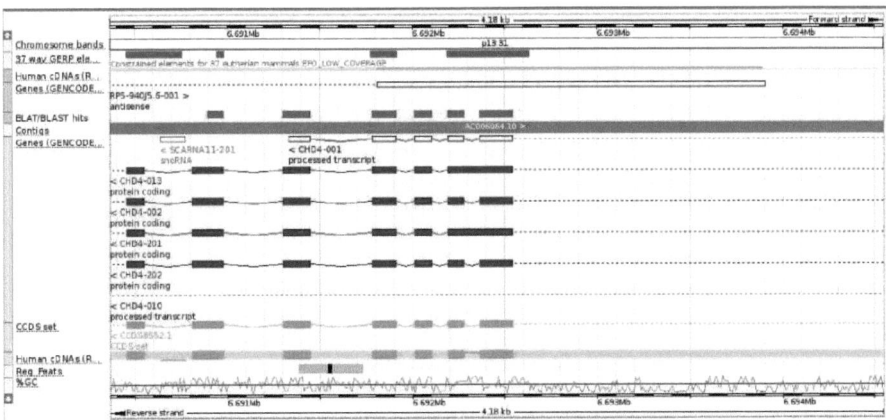

Abbildung 17. Das Alignment der Contig-Sequenz (Zusammenstellung von TP3F- und TP4R-Sequenzen), die am längsten war und die höchste Übereinstimmungsrate aufwies. Die Übereinstimmungen wurden auf dem Rückseitenstrang von Chromosom 12 an der Position 12:6580304-6586671 gefunden. Die erhaltene Sequenz zeigte partielle Übereinstimmungen mit 6 proteincodierenden Exons von 3 Transkriptvarianten (CHD4-013, CHD4-002 und CHD4-201) des Gens des Chromodomänen-Helikase-DNA-Bindungsproteins 4. Außerdem stimmte sie teilweise mit den nicht-proteincodierenden Exons desselben Gens (Transkriptvariante CHD4-001) auf dem Rückwärtsstrang überein.

31

Sequenz 3

Die TP6R-Sequenz wurde aus der 6) PCR1-Plasmidlösung gewonnen. Die Sequenz wurde mit dem Chromosom 13 des menschlichen Genoms verglichen (Abbildung 18). Die längste übereinstimmende Sequenz wurde weiter analysiert (Abbildung 19).

Chromosome 13: 25,456,101-25,460,221

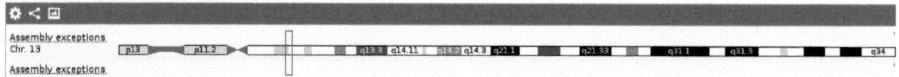

Abbildung 18. Die Übereinstimmung der Sequenz auf dem menschlichen Chromosom 13 an der Stelle q12.1.

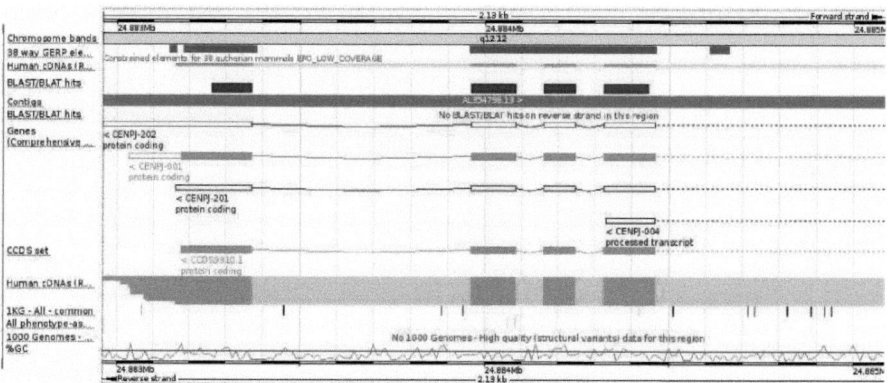

Abbildung 19. Die Sequenz 3 wurde auf dem rückwärtigen Strang von Chromosom 13 an der Stelle 13:24882960-24885087 gefunden. Sie stimmte teilweise mit 4 nicht-proteinkodierenden Exons von 2 Transkriptvarianten (CENPJ-202 und CENPJ-201) des Gens für Zentromerprotein J überein. Außerdem stimmte es mit 4 proteincodierenden Exons der Transkriptvariante CENPJ-001 des Gens für Zentromerprotein J überein.

Kapitel 4. Diskussion

Arbeit im Labor

In diesem Versuch wurden bereits vorbereitete cDNA-Proben aus der menschlichen Krebszelllinie Caco-2 verwendet, die aus einem epithelialen kolorektalen Adenokarzinom stammt. Die einzelsträngigen cDNAs wurden mit der PCR-Methode (Polymerase-Kettenreaktion) amplifiziert. Die PCR wurde viermal mit verschiedenen Primern wiederholt und durch Agarosegel (1,5%) Elektrophorese überprüft. Die Fotos der ersten beiden PCR-Reaktionen, die mit dem Gel-Doc-Gerät aufgenommen wurden, zeigten jedoch ein verschmiertes Muster der geladenen Proben, obwohl der Marker (NEB Fast DNA Ladder) korrekt geladen war und einheitliche Banden aufwies. Die Ergebnisse zeigten, dass das Agarosegel von guter Qualität war, und der Grund für die verschmierten Ergebnisse blieb unklar. Zwei weitere PCR-Reaktionen wurden mit demselben Anker und beliebigen Primern durchgeführt (PCR1: AP4 und AUP2; PCR2: AP2 und AUP2). Die Produkte der vierten Reaktion wiesen die deutlichsten und dicksten Banden auf; daher wurden die weiteren Untersuchungen mit diesen Proben abgeschlossen. Die Produkte wurden mit dem QlAquick® PCR-Reinigungskit (WWW, Qiagen) gereinigt. Die gereinigte Lösung, die die PCR-Produkte enthielt, hatte ein Volumen von etwa 50 pL; die DNA-Konzentration in der Lösung war jedoch für die Bestimmung mit dem Biophotometer bei 260 nm nicht ausreichend. Die Messwerte waren inkonsistent und sogar negativ, so dass die Ergebnisse nicht in den Ergebnisteil aufgenommen wurden. Es wurde beschlossen, die Zuverlässigkeit des Biophotometers mit den PCR-Produkten aus der dritten Reaktion zu überprüfen, die bei -20°C gelagert wurden. Die Ergebnisse waren ähnlich negativ, was darauf hindeutet, dass das Problem eher beim Gerät oder bei der geringen Konzentration der PCR-Produkte als bei den Versuchsmethoden liegen könnte.

Trotz verwirrender Messwerte für die PCR-Produktkonzentration wurden weitere Experimente mit den vierten PCR-Produkten durchgeführt, die auf dem Agarosegel die stärksten Banden aufwiesen. Die amplifizierten Produkte wurden an den pGEM®-T Easy Vektor ligiert und in die *Escherichia* coli-Zellen transformiert. Der Erfolg der

Ligation und Transformation wurde durch Wachstum der Bakterien auf LB-Agar/Ampicillin/IPTG/X-Gal-Platten überprüft. Das Ampicillin wurde als selektives Reagenz verwendet, das das Wachstum der nicht transformierten Bakterien verhindert. Außerdem wurde X-Gal verwendet, um festzustellen, ob das PCR-Produkt in die Region eingefügt wurde, die für 0-Galactosidase kodiert. Für den Versuch wurden 14 Platten mit Duplikaten der Bakterienkulturen mit den potenziellen PCR1- und PCR2-Insertionen sowie Positiv-, Negativ- und Effizienzkontrollen hergestellt. Nur eine Effizienzplatte wies aufgrund der Wasserkondensation auf der Agarplatte kein Bakterienwachstum auf. Nach der Bebrütung wurden nur weiße Kolonien (die darauf hinweisen, dass die Zellen das Plasmid mit dem Ampicillin-Resistenzgen und dem Insert im β-Galactosidase-Gen enthalten) zufällig ausgewählt und auf die neuen LB/Ampicillin/IPTG/X-Gal-Platten aufgetragen, um mehr Zuverlässigkeit in das Experiment zu bringen. Das unerwartete Ergebnis war, dass nach der Bebrütung der gepatchten Platten fast 50% der Kolonien eine blassblaue Farbe annahmen, was bedeutet, dass das Plasmid das Insert nicht an der richtigen Stelle enthielt. Dies könnte durch die begrenzte Effizienz der Ligation und Transformation aufgrund der unvorhersehbaren Dephosphorylierung der Vektoren, der Konzentrationen und Verhältnisse von Vektor- und Insert-DNA sowie der für die Transformation verwendeten DNA-Menge verursacht werden (Zhang & Tandon, 2012). Auch die große Größe der Inserts kann zu einer geringen Effizienz der Ligation und Transformation führen. Dennoch wurden 18 der weißen Kolonien zufällig ausgewählt und in LB/Ampicillin-Bouillon gezüchtet, um eine große Menge an Rekombinanten für die Aufreinigung der Plasmide zu erhalten.

Nach der Plasmidreinigung und dem Restriktionsverdau mit EcoRI wurden die Größen der Inserts überprüft und 9 Lösungen mit unterschiedlich großen Inserts für die Sequenzierung ausgewählt. Insgesamt wurden 11 Farbstoffterminator-Sequenzierungsreaktionen angesetzt, da für 2 der Sequenzen Vorwärts- und Rückwärtsprimer erforderlich waren. Für die restlichen Reaktionen wurden nur Rückwärtsprimer verwendet, um die Effizienz der Sequenzierung zu erhöhen. Dies wurde von den Projektleitern unter Berücksichtigung der Ergebnisse früherer ähnlicher

Projekte vorgeschlagen. Nach der Reinigung und Entsalzung wurde die Sequenzierung mit dem DNA-Sequenziergerät (Beckman Coulter CEQ 2000) durchgeführt, das auf dem elektrophoretischen Prinzip beruht. Der Anteil der menschlichen Sequenzen lag bei 45 % aller erhaltenen Sequenzen. Der vermutliche Grund dafür könnte die Kontamination der Arbeitsmaterialien aus dem nahe gelegenen mikrobiologischen Labor sein. Darüber hinaus könnte die Entdeckung von Mykoplasmen-Sequenzen durch deren intrazelluläre Lebensweise erklärt werden. Das bedeutet, dass *E. coli* Zellen mit Mykoplasmen infiziert wurden und deren Sequenzen durch einen Zufallsprozess in den Vektor eingefügt wurden.

Nach weiteren Analysen wurden jedoch Sequenzen gefunden, die für drei verschiedene Proteine kodieren. Zwei der Sequenzen wurden zum Contig assembliert (www, Cap3); beide Sequenzen mussten gegen die genomischen Datenbanken korrigiert werden, um die Assemblierung zu erhalten, daher wurde der Anteil der Übereinstimmung des Contigs mit 100% angegeben.

Die Analyse der Sequenzen

Es wurde festgestellt, dass das Protein Guanin-Nukleotid-bindendes Protein Untereinheit Beta-2-Like 1, auch bekannt als Rezeptor für aktivierte C-Kinase 1 (RACK1) (Ron et al. 1994), teilweise von zwei Sequenzen (TP1R und 11TPR) kodiert wird. Die Übereinstimmung der erhaltenen Sequenzen mit der menschlichen Sequenz lag bei 97-99% mit einem niedrigen E-Wert der Übereinstimmung (3e-151 und 2e-158), so dass es sich um einen offensichtlichen Teil der für GNB2L1 kodierenden Sequenz handelt (WWW, OMIM). Das GNB2L1-Gen kodiert für ein 36 kDa großes zytosolisches Protein, das als Adaptorprotein der Proteinkinase C (PKC) entdeckt wurde (Ron et al. 1994). Das GNB2L1-Protein ist ein Homolog der Beta-Untereinheit der G-Proteinfamilie und wird in den meisten Zelltypen ubiquitär exprimiert. Inzwischen ist geklärt, dass GNB2L1 mit vielen Signalproteinen interagiert, vor allem mit PKC (Proteinkinase C), aber auch mit Src (Tyrosinkinase) und PDE4D5 (cAMP-spezifische Phosphodiesterase) (Doan et al. 2007; Serrels et al. 2010), und dass es an vielen zellulären Signalwegen beteiligt ist, z. B. an Zellproliferation, Motilität, Adhäsion und Apoptose (Mccahill et al. 2002; Hu et al. 2013). Es wurde festgestellt,

35

dass das GNB2L1-Protein zur Entwicklung vieler Krebszelllinien und auch der Caco-2-Zellen beiträgt (Imperlini et al. 2013). Allerdings wurden in den letzten Jahren einige recht umstrittene Funktionen bei der Krebsentwicklung beschrieben. So ist beispielsweise das GNB2L1-Protein als eines der wichtigsten Proteine bekannt, die an der Migration, Motilität und Adhäsion von Zellen beteiligt sind (Doan et al. 2007; Hu et al. 2013; Serrels et al. 2010; Wang et al. 2011). Daher wurde es als ein Protein angesehen, das zur Invasion und Metastasierung von Krebs beiträgt. Außerdem hemmt die Überexpression des Proteins die effektive Zellapoptose (Subauste et al. 2009) und erhöht damit das Risiko, dass mutierte Zellen überleben und sich weiter vermehren. Umgekehrt besagen einige Forschungsarbeiten, dass das GNB2L1-Protein für die normale Kontrolle des Zellzyklus durch den G1-Phasen-Kontrollpunkt erforderlich ist (Mamidipudi et al. 2007) und sogar die Tumorentstehung bei einigen Krebsarten unterdrückt (Deng et al. 2012). Im Allgemeinen ist das GNB2L1-Protein an vielen Signalwegen in der Zelle beteiligt. Es trägt zur normalen Proliferation, Kontakthemmung und Differenzierung der Darmzellen bei. Es könnte jedoch einige Funktionen verstärken, die für das Kolonadenokarzinom typisch sind; so könnte die Hauptfunktion des Proteins der Beitrag zur Adhäsion der Zellen über die Regulierung der Src-Aktivität und der Paxillin-Dynamik sein (Doan et al. 2007; Michael, 2001). Zusammenfassend lässt sich sagen, dass die in diesem Experiment gefundene Sequenz, die für das GNB2L1-Protein kodiert, eine erwartete und typische Sequenz für diese Zelllinie ist. Dieses Protein hält normale Enterozytenfunktionen aufrecht, kann aber auch zu krebsartigen Eigenschaften der Zellen beitragen.

Die zweite Sequenz, die für das Chromodomain Helicase DNA Binding Protein 4 (CHD4) kodiert, wurde aus der Assemblierung von zwei Sequenzen (TP3F und TP4R) gewonnen. Die Länge der erfolgreich erhaltenen Sequenz betrug 818bp. Das CHD4-Protein ist Teil des NuRD-Komplexes (Nucleosome Remodelling and Deacetylation) (O'Shaughnessy & Hendrich, 2013). Die Hauptfunktion von CHD4 im Haushalt besteht darin, Proteine des NuRD zu kombinieren und miteinander zu verbinden, um Chromatin effektiv umzugestalten und Histone zu deacetylieren (Tong et al. 1998; Zhang et al. 1998). Diese Strategie wird hauptsächlich bei der Reaktion auf DNA-

Schäden eingesetzt, wenn die Unterdrückung der DNA-Transkription erforderlich ist, um das System zu reparieren. Auch an der Reparatur von DNA-Brüchen durch homologe Rekombination ist CHD4 beteiligt, das BRIT1 (BRCT-repeat inhibitor of hTERT expression) an DNA-Läsionen rekrutiert (Pan et al. 2012). Diese DNA-Schadensreparaturprozesse verdeutlichen die Bedeutung von CHD4 für die Integrität der Zelle und für die Vermeidung von Mutationen. CHD4 ist jedoch auch an der Zellzyklusprogression beteiligt, indem es die Deacetylierung von p53 reguliert und so zu dessen Zerstörung beiträgt (Li et al. 2002; O'Shaughnessy & Hendrich, 2013; Polo et al. 2010). Daher ist CHD4 indirekt an der Zellprogression durch den Zellzyklus beteiligt (Polo et al. 2010). Die größte Kontroverse besteht folglich darin, dass CHD4 sowohl als Tumorsuppressor fungiert, indem es zur Reparatur von DNA-Schäden beiträgt, als auch als Gegenspieler der Tumorsuppressoren, indem es zur Zerstörung von p53 beiträgt (Kim et al. 2011; Polo et al. 2010). Es ist umstritten, ob eine Überexpression oder eine Verarmung von CHD4 mehr zur Entstehung von Krebs beiträgt. Insgesamt kann das Protein ( ) an normalen Zellprozessen oder an der Tumorentwicklung beteiligt sein, so dass die gefundene Sequenz sehr erwartungsgemäß und typisch für Caco-2-Zellen war.

Die dritte Sequenz, die bei dem Experiment gefunden wurde, kodiert für das Zentromerprotein J (CENPJ). Es ist auch als zentrosomales P4.1-assoziiertes Protein (CPAP) bekannt (WWW, OMIM). Die erfolgreiche Sequenz (TP6R) wurde mit einem Reverse Primer erhalten und hatte eine Länge von 540bp. Die Wahrscheinlichkeit, dass die Übereinstimmung auf Zufall beruht, lag bei 0% (E-Wert). Das Protein gehört zur Familie der Zentromerproteine. Es ist an der normalen Verdopplung, Bildung und Integrität des Zentrosoms beteiligt (Tang et al. 2009) und trägt zur korrekten Bildung, Nukleation und Demontage der Mikrotubuli-Spindel bei (Hung et al. 2000; 2004). Es wurde entdeckt, dass CENPJ Teil der Procentriolen ist und für die Länge der Zentriolen verantwortlich ist. Daher hemmt die Abreicherung von CENPJ/CPAP die Bildung von Zentriolen, während eine Überexpression des Proteins die Bildung von Procentriolen-ähnlichen Strukturen mit verlängerten Mikrotubuli bewirkt (Tang et al. 2009). Das Protein ist für die Teilung und Chromosomenaggregation normaler Zellen, wie z. B.

Enterozyten, von entscheidender Bedeutung. In neueren Untersuchungen wurde außerdem festgestellt, dass CENPJ eines der wichtigsten Zentromerproteine ist und dass Mutationen in CENPJ in einer beträchtlichen Anzahl von Darmadenokarzinomen sowie in Caco-2-Zellen gefunden wurden (Kumar et al. 2013). Daher wurde das Vorhandensein von CENPJ-Protein in Caco-2-Zellen erwartet. Es wurde jedoch nicht versucht, Mutationen in der Sequenz, die für das Protein kodiert, zu finden; auch wurde die Menge des Proteins in den Zellen nicht bestimmt, so dass es schwierig ist, festzustellen, ob CENPJ zum krebsartigen Phänotyp der Caco-2-Zellen beiträgt oder ob es nur ein Protein ist, das normale Zellfunktionen erfüllt.

Kapitel 5. Schlussfolgerung

Insgesamt wurde die Forschung an cDNA-Proben von Caco-2-Zellen des menschlichen Kolon-Adenokarzinoms durchgeführt. Bei dieser Untersuchung wurden Sequenzen gewonnen, die für drei menschliche Proteine kodieren. Sie alle weisen keine nennenswerte Zelltyp- oder Gewebebeschränkung auf; daher war es nicht überraschend, diese Proteine in den Zellen der Darmbarriere zu finden. Es wurde festgestellt, dass jedes Protein eine gewisse Rolle bei der normalen Zellentwicklung und -funktion spielt und somit zu den typischen Merkmalen und Leistungen der Enterozyten beitragen könnte. Außerdem wurde festgestellt, dass jedes Protein möglicherweise an der Tumorentstehung und Metastasierung beteiligt ist. Einige der Ergebnisse führten jedoch zu kontroversen Schlussfolgerungen; so können einige Proteine in der Zelle eine Doppelfunktion haben, z. B. karzinogene Eigenschaften fördern oder hemmen. Diese Funktionen hängen von der Menge des Proteins in der Zelle ab und davon, ob das Protein in bestimmten Motiven mutiert ist. Die vorliegende Untersuchung konzentrierte sich auf die Sequenzierung von zufälligen Fragmenten der cDNA. Für künftige Studien wäre es empfehlenswert, die Anzahl der untersuchten Sequenzen zu erweitern, um Sequenzen zu erhalten, die nur in den Enterozyten vorkommen, oder um festzustellen, welche der Proteine in den Darmzellen am häufigsten vorkommen. Dies würde eine umfassendere Analyse der Proteinfunktionen in engerem Zusammenhang mit der Art und dem Ort der Zellen ermöglichen. Auch könnte die Menge der in den Zellen vorhandenen Proteine bestimmt werden, wenn die gesamte cDNA-Sequenz der Zelle erhalten wird. Damit könnten die Ergebnisse mit normalen Referenzbereichen verglichen und überprüft werden, ob das Protein überexprimiert oder verarmt ist. Außerdem könnten die gewonnenen Sequenzen auf mögliche Mutationen getestet werden. Dies würde zu einem besseren Verständnis darüber führen, ob die Proteine normale Funktionen in der Zelle erfüllen oder zum krebsartigen Phänotyp der Zelle beitragen.

Schließlich wurde diese Untersuchung mit dem Ziel durchgeführt, zu lernen und zu üben. Sie hat gezeigt, wie sich das Verständnis der Genetik um die Jahrhundertwende entwickelt und weiterentwickelt hat. Außerdem wurden die Eigenschaften und Funktionen von Caco-2-Zellen aufgezeigt, die aus einem Adenokarzinom des Darms gewonnen wurden, einer der häufigsten Krebsarten weltweit. Und schließlich wurde aufgezeigt, wie wichtig die DNA-Sequenzierung der Zelle ist und wie die weitere Untersuchung der Proteinfunktion unerwartete Ergebnisse und Fragen der vorliegenden Studie klären könnte.

Danksagung

Ich danke dem unglaublichen Betreuer des Projekts, Alan Shirras, und wie immer der sehr hilfsbereiten und unterstützenden Christine Shirras für ihre Unterstützung, Zusammenarbeit und die Erläuterung jedes Details des Projekts.

Vielen Dank auch an die Labortechnikerin Judith Young und den Doktoranden Dan Palmer, die äußerst aufmerksam und zuvorkommend waren.

Außerdem bin ich meiner Familie dankbar für ihr Verständnis und ihre Unterstützung.

Schließlich bin ich Ben Rowan und Filipe Franca für das Korrekturlesen und die Hilfe bei der endgültigen Formatierung des Projekts zu Dank verpflichtet.

Referenzen

Adams, M.D., Kelley, J.M., Gocayne, J.D., Dubnick, M., Polymeropoulos, M.H., Xiao, H., Merril, C.R., Wu, A., Olde, B., Moreno, R.F. al. et. (1991) Complementary DNA sequencing: expressed sequence tags and human genome project. *Science* **252** (5013): 1651-1656.

CAP3 Programm zur Zusammenstellung von Sequenzen http: //doua.prabi.fr/software/cap3.

Davidson College (2002). "Sequenzierung ganzer Genome: Hierarchical Shotgun Sequencing v. Shotgun Sequencing". bio.davidson.edu. Abteilung für Biologie, Davidson College. Abgerufen am 1st August 2013.

http: //www.bio. davidson.edu/courses/genomics/method/shotgun.html

Deng, Y.Z., Yao, F., Li, J.J., et al. (2012) RACK1 Suppresses Gastric Tumorigenesis by Stabilizing beta-Catenin Destruction Complex. *Gastroenterology* **142**: 812-23.

Denslow, S.A. und Wade, P.A. (2007) Der menschliche Mi-2/NuRD-Komplex und die Genregulation. *Oncogene.* **26**(37): 5433-8.

Doan, A.T. und Huttenlocher, A. (2007) RACK1 reguliert die Src-Aktivität und moduliert die Paxillin-Dynamik während der Zellmigration. *Exp Cell Res* **313**: 2667-79.

Ensembl Human Genome Browser http: //www.ensembl .org/index.**htmlF ranca, L.T.C., Carrilho, E. und Kist, T.B.L.** (2002) A review of DNA sequencing techniques. *Q Rev Biophys* **35**(2): 169-200.

Fogh, J., Fogh, J.M. und Orfeo, T. (1977) Einhundertsiebenundzwanzig kultivierte menschliche Tumorzelllinien, die in Nacktmäusen Tumore erzeugen. *J Natl Cancer Inst* **59**: 221226.

Hu, F., Tao, Z., Wang, M., Li, G., Zhang, Y., Zhong, H., Xiao, H., Xie, X. and Ju, M. (2013) RACK1 promoted the growth and migration of the cancer cells in the progression of esophageal squamous cell carcinoma. *Tumor Biol* **34**: 3893-3899.

Hung, L.Y., Chen, H.L., Chang, C.W., Li, B.R. und Tang, T.K. (2004) Identifizierung eines neuartigen Mikrotubuli destabilisierenden Motivs in CPAP, das an Tubulin-Heterodimere bindet und den Zusammenbau von Mikrotubuli hemmt. *Molec. Biol. Cell* **15**: 26972706.

Hung, L.Y., Tang, C.J.C. und Tang, T.K. (2000) Protein 4.1 R-135 interagiert mit einem neuen zentrosomalen Protein (CPAP), das mit dem Gamma-Tubulin-Komplex assoziiert ist. *Molec. Cell. Biol* **20**: 7813-7825.

Imperlini, E., Colavita, I., Caterino, M., Mirabelli, P., Pagnozzi, D., Del Vecchio, L., Di Noto, R., Ruoppolo, M. und Orru, S. (2013) The secretome signature of colon cancer cell lines. *J Cell Biochem* **114**(11): 2577-87.

Ji, H., Goode, R.J., Vaillant, F., Mathivanan, S., Kapp, E.A., Mathias, R.A., Lindeman, G.J., Visvader, J.E. und Simpson, R.J. (2011) Proteomic profiling of secretome and adherent plasma membranes from distinct mammary epithelial cell subpopulations. *Proteomics* **11**: 4029-4039.

Jiao, S., Moberly, J.B. und Schonfeld, G. (1990) Editing of apolipoprotein B messenger RNA in differenzierten Caco-2 Zellen. *J Lipid Res* **31**(4): 695-700.

Kim, M.S., Chung, N.G., Kang, M.R., Yoo, N.J. und Lee, S.H. (2011) Genetic and expressional alterations of CHD genes in gastric and colorectal cancers. *Histopathologie* **58**: 660-668.

Kumar, A., Rajendran, V., Sethumadhavan, R. et al. (2013) Identifying Novel Oncogenes: A Machine Learning Approach. *Interdiscipl Sci Comput Life Sci* **5**(4): 241-246.

Li, M., Luo, J., Brooks, C.L. und Gu, W.J. (2002) Acetylierung von p53 hemmt seine Ubiquitinierung durch Mdm2. *Biol Chem* **277**(52): 50607-11.

Ma, X., Chen, K., Huang, S., et al. (2005) Häufige Aktivierung des Hedgehog-Signalwegs in fortgeschrittenen Magenadenokarzinomen. *Karzinogenese* **26**: 1698-705.

Mamidipudi, V., Dhillon, N.K., Parman, T., et al. (2007) RACK1 hemmt das

Wachstum von Dickdarmzellen durch Regulierung der Src-Aktivität an Zellzyklus-Kontrollpunkten. *Oncogene* **26**: 291424.

Matsuoka, S., Ballif, B.A., Smogorzewska, A., McDonald, E.R., Hurov, K.E., Luo, J., Bakalarski, C.E., Zhao, Z., Solimini, N., Lerenthal, Y., Shiloh, Y., Gygi, S.P. und Elledge, S.J. (2007) ATM and ATR substrate analysis reveals extensive protein networks responsive to DNA damage. *Science* **316**(5828): 1160-6.

Mccahill, A., Warwicker, J., Bolger, G.B., Houslay, M.D. und Yarwood, S.J. (2002) The RACK1 Scaffold Protein: Ein dynamisches Rädchen im Mechanismus der Zellantwort. *Mol Pharmacol* **62**: 1261-1273.

Michael, D. und Schaller, M.D. (2001) Paxillin: ein fokales Adhäsions-assoziiertes Adaptorprotein. *Oncogene.* **20**(44): 6459-6472.

Nagaraj, S.H., Gasser, R.B. und Ranganathan, S. (2007) A hitchhiker's guide to expressed sequence tag (EST) analysis. *Brief Bioinform* **8**(1): 6-21.

Nationales Institut für Humangenomforschung. (27. Dezember 2011). DNA Sequencing. Verfügbar unter: http://www.genome.gov/10001177. Letzter Zugriff am 3. September 2014.

National Cancer Institute. www.cancer.gov ; Zugriff über http://www.cap.org/apps/docs/reference/myBiopsy/ColonAdenocarcinoma.pdf. Letzter Zugriff am 7. September 2014.

Natoli, M., Leoni, B.D., D'Agnano, I., Zucco, F. und Felsani, A. (2012) Good Caco-2 cell culture practices. *Toxicol In Vitro* **26**(8): 1243-6.

NCBI BLAST http://blast.ncbi.nlm.nih.gov/.

NCBI Unigene http : //www.ncbi.nlm.nih.gov/uni gen.

O'Shaughnessy, A. und Hendrich, B. (2013) CHD4 in the DNA-damage response and cell cycle progression: not so NuRDy now. *Biochem Soc T* **41**: 777-782.

Pan, M.R., Hsieh, H.J., Dai, H., Hung, W.C., Li, K., Peng, G. und Lin, S.Y. (2012) Chromodomain helicase DNA-binding protein 4 (CHD4) reguliert die homologe

Rekombinations-DNA-Reparatur, und sein Mangel sensibilisiert Zellen für die Behandlung mit Poly(ADP-Ribose)-Polymerase (PARP)-Inhibitoren. *J Biol Chem.* **287**(9): 6764-72.

Parkinson, J. und Blaxter, M. (2009) Expressed sequence tags: an overview. *Methods Mol Biol* **533**: 1-12.

Promega

http://www.promega.co.uk/~/media/files/resources/protocols/technical%20manuals/0/pgem-t%20und%20pgem-t%20easy%20vector%20systems%20protocol.pdf.

Polo, S.E., Kaidi, A., Baskcomb, L., Galanty, Y. und Jackson, S.P. (2010) Regulation von DNA-Schadensreaktionen und der Zellzyklusprogression durch den Chromatin-Umstrukturierungsfaktor CHD4. *EMBO J* **29**: 3130-3139.

Ron, D., Chen, C.H., Caldwell, J., Jamieson, L., Orr, E. und Mochly-Rosen, D. (1994) Cloning of an intracellular receptor for protein kinase C: a homolog of the beta subunit of G proteins. *Proc Natl Acad Sci U S A* **91**(3): 839-43.

Sambuy, Y., De Angelis, I., Ranaldi, G., Scarino, M.L., Stammati, A. und Zucco, F. (2005) The Caco-2 cell line as a model of the intestinal barrier: influence of cell and culture-related factors on Caco-2 cell functional characteristics. *Cell Biol Toxicol* **21**(1): 1-26.

Sanger, F. und Coulson, A.R. (1975) A rapid method for determining sequences in DNA by primed synthesis with DNA polymerase. *J. Molec. Biol.* **94**: 441-448.

Sanger, F., Nicklen, S. und Coulson, A.R. (1977) DNA-Sequenzierung mit kettenterminierenden Inhibitoren. *Proc. Natn. Acad. Sci. USA* **74**: 5463-5467.

Serrels, B., Sandilands, E., Serrels, A., et al. (2010) Ein Komplex zwischen FAK, RACK1 und PDE4D5 kontrolliert die Ausbreitung und die Polarität von Krebszellen. *Curr Biol.* **20**: 1086-92.

Shirras, A. et al. (2014) BIOL389 Genetics Project: Klonierung und Analyse von cDNAs aus menschlichem Gewebe. pg. 12.

Subauste, M.C., Ventura-Holman, T., Du, L., et al. (2009) RACK1 reguliert die Konzentration des pro-apoptotischen Proteins Fem1b in apoptoseresistenten Dickdarmkrebszellen herunter. *Cancer Biol Ther.* **8**: 2297-305.

Tang, C.J.C., Fu, R.H., Wu, K.S., Hsu, W.B. und Tang, T.K. (2009) CPAP ist ein Zellzyklus-reguliertes Protein, das die Zentriolenlänge kontrolliert. *Nature Cell Biol* **11**: 825831.

Tong, J.K., Hassig, C.A., Schnitzler, G.R., Kingston, R.E. und Schreiber, S.L. (1998) Chromatin deacetylation by an ATP-dependent nucleosome remodelling complex. *Natur* **395**: 917-921.

VecScreen - http://blast.ncbi.nlm.nih.gov/Blast.cgi.

Venter, J.C., Smith, H.O. und Hood, L. (1996) Eine neue Strategie für die Sequenzierung von Genomen. *Nature* **381**: 364-366.

Venter, J.C., Adams, M.D., Myers, E.W., et al. (2001) Die Sequenz des menschlichen Genoms. *Wissenschaft* **291**: 1304-1351.

Wang, F., Yamauchi, M., Muramatsu, M., et al. (2011) RACK1 reguliert die VEGF/Flt1-vermittelte Zellmigration über die Aktivierung eines PI3K/Akt-Weges. *J Biol Chem.* **286**: 9097-106.

Zhang, Y., LeRoy, G., Seelig, H.P., Lane, W.S. und Reinberg, D. (1998) Das Dermatomyositis-spezifische Autoantigen Mi2 ist Bestandteil eines Komplexes, der Histondeacetylase und Nukleosomenumbauaktivitäten enthält. *Cell* **95**(2): 279-89.

Zhang, G. und Tandon, A. (2012) Quantitative Models for Efficient Cloning of Different Vectors with Various Clone sites. *Nature Precedings.* doi: 10.1038/npre.2012.6965.1.

Printed by Books on Demand GmbH, Norderstedt / Germany